在输得起的年纪，遇见不认输的自己

做个有出息的青少年

伟华◎编著

中国纺织出版社有限公司

内 容 提 要

人生是一段不可回头的旅程，想要不留遗憾，就要全力以赴。我们是自己人生的规划者，是平庸还是荣耀，是忙碌还是从容，一切要看你如何去“活”。

本书内容丰富，涉及面广，包括梦想、方向、努力、心态、交际、爱情等多个方面，可以说是读者的良师益友。希望在本书的帮助下你会更加明了如何实现自己的梦想，拥有精彩的人生。

图书在版编目（CIP）数据

在输得起的年纪，遇见不认输的自己 / 伟华编著.
--北京：中国纺织出版社有限公司，2021.4
（做个有出息的青少年）
ISBN 978-7-5180-7523-2

Ⅰ.①在… Ⅱ.①伟… Ⅲ.①成功心理—青少年读物
Ⅳ.①B848.4-49

中国版本图书馆CIP数据核字（2020）第105429号

责任编辑：江　飞　　责任校对：韩雪丽　　责任印制：储志伟

中国纺织出版社有限公司出版发行
地址：北京市朝阳区百子湾东里A407号楼　邮政编码：100124
销售电话：010—67004422　传真：010—87155801
http：//www.c-textilep.com
中国纺织出版社天猫旗舰店
官方微博http://weibo.com/2119887771
三河市宏盛印务有限公司印刷　各地新华书店经销
2021年4月第1版第1次印刷
开本：880×1230　1/32　印张：7
字数：168千字　定价：39.80元

前言

一生中我们一直在追逐什么呢？我们努力生活又是为了什么？有人说是为了让自己的生活更加有品质，也有人说是为了能有一个更好的发展前景，也有人说是为了让自己爱的人生活得更为幸福……其实最重要的是为了活出精彩的自己，不枉费这美好的一生，成就一个不可替代的自己。

人生是我们自己的人生，我们必须活出自己的精彩！

一个人的精彩来自于他的梦想。人一定要有梦想，即使它有点遥远，但有梦想就有希望，有梦想就有力量，即便生活再残酷，现实再艰难，我们都要坚持住自己的梦想；

一个人的精彩来自于他的心态。能够打败你的，往往是你自己。积极、自信、乐观、豁达、知足的心态，永远做自己情绪的主人。即便无法改变外界的环境，你也要把控自己的内心，怀着一颗平常心，就能成就一番新的天地；

一个人的精彩来自于他的努力。努力会让一个人的生命绽放出最绚烂的姿态，唯有努力，才能完成人生的跨越。因此，改变人生从改变自己开始，相信你所有的努力都会开花；

一个人的精彩来自于他的坚持。未来不会因为你的抱怨而变得更好一点，与其抱怨，你不如用自己的坚持去改变这一切。舍不得让自己吃苦的人，注定一辈子受苦，遇到一点问题就坚持不下去，那么你最终也会一事无成；

一个人的精彩来自于他良好的人际关系。目光长远的人，懂得建立好自己的人际关系。因此，你要掌握必备的生存技巧，打造和谐的人际关系，从而帮助你不断收获成功和幸福；

……

我们是自己生命的导演，如何活、活得怎样都看自己如何去规划。不要因为生活的困苦而失去自己的理想，不要因为一时的挫折而失去对自己的信心，因为走过了的生命将无法回头，一切都不可重来，所以我们要懂得提醒自己把握好人生的每一天，活出最精彩的自己。也许有的人会认为，一切已成定局，现在试图改变生活已经为时太晚。这是很多人犯过的错误！其实，只要你活着一天，让现在成为改变的开始都为时不晚。即便你之前做过很多错事或者是活得非常邋遢，但是只要你肯改变自己，那么总有一天你将会为自己的变化而自豪！

为了让读者对自己的人生有一个更为全面、透彻的了解和把握，本书从一个人的梦想、方向、努力、心态、交际等多个方面进行阐述，就如同一个循循善诱的指导者，为你生活的方方面面提供精辟而有益的建议。不要总是在别人的光芒下羡慕或哀叹，也不要活在一种幻想里无法自拔，与其这样，我们不如好好努力，用自己的双手去创造更加灿烂的明天。只要你相信自己，那你也会成为一个精彩不断的人！

编著者

2020年10月

目录

第01章

找到努力的方向，让青春不荒芜

当你站在一个位置的时候，你是否明白自己的朝向应该是何方？有方向，一个人才不会迷茫；有方向，一个人才会有动力。如果你知道自己想去哪里，世界都会为你让路，假使你自己都不知道去何方，那么你就像一个没有方向的船一样，永远都是随波逐流。只有明白自己的人生方向，你才有可能成为一颗耀眼的明珠，才不会在前进的道路上迷失自己。

把控自己人生的“方向盘”

高考将近，杨海林已经被保送到了大学。陈默也不愁，父亲早已为他联系好了一所国外的学校，毕业之后回国接手爸爸的事业，人生之路可谓一帆风顺。班上很多同学都很羡慕陈默，可陈默却一点也不觉得高兴。

陈默和几个好朋友在一起的时候，他们总会发出“人活着到底是为了什么”这样的疑问。这些朋友甚至包括模范学生杨海林，只不过杨海林随便叹叹，过后就忘了。

可是陈默不一样，这个问题一直纠缠在他的脑子里。有时候，他想：“难道是因为人生都被爸爸安排好了，才会这样？”其实，他一直很羡慕国外的教育和生活方式，老早就期盼着出国。但现在快要去了，却生出很多茫然？

反正是要出国了，高考参加不参加都无所谓，陈默就将时间花在了这个哲学问题上，到底自己想要什么样的人生？于是在网上，在图书馆，陈默看了很多的信息资料，这个说，人生是一个过程，一定要努力实现自己的梦想；那个说，人生就是一段旅程，一定要好好地享受生活……反正是众说纷纭，莫衷一是。陈默看来看去，一头雾水，还是找不到自己人生的方向。

思考了一段时间之后仍找不到答案，陈默放弃了，心想：

反正也想不出个所以然，何必浪费那个时间，还不如好好玩一段时间再说呢。慢慢地，他开始掉进网络游戏的陷阱当中去了。星期天，陈默来找杨海林一起玩，中午就在杨海林家里吃饭。吃饭的时候，陈默跟杨海林说起他最近玩的那个游戏，说得是眉飞色舞、唾沫横飞。杨海林爸爸在一旁皱起了眉头，高考在即了，还有心思玩游戏。杨海林爸爸将心里的想法说出来了。

“叔叔，我爸已经联系好了国外的学校。”陈默毫不在意，“我就等着高考完了出国，人生就那么回事，现在不玩以后不一定有机会玩了。”

听到这话，杨海林爸爸眉头皱得更深了，说：“杨海林，陈默，”看着两个人抬起头来，杨海林爸爸才再次开口，“你们现在正处于一个很危险的年龄段，需要思考的问题太多，如果不把握正确方向的话，很容易误入歧途。”

“爸，我知道你要说什么，好好学习，天天向上嘛。我们都懂的。”杨海林调皮地顶了句。

“不，光好好学习还不行。”杨海林爸爸不知道是没听出来杨海林话里有话呢，还是怎么着，一本正经地说，“现在科技那么发达，‘两耳不闻窗外事，一心只读圣贤书’肯定是行不通的。你们平时上网的时候，也要多浏览各种新闻，学会从各种信息中辨别真假善恶，培养自己独立思考的意识。”

鼓励孩子上网，这可不是一般父母能做到的。杨海林和陈默这下可洗耳恭听起来了，“一个人一生想做什么，想成就什么样的事业，这不是凭空得来的，而是在后天的学习、积累过程中慢慢得来的。越早知道自己想要什么，也就越能成功。你们现在还不知道自己想要什么，很茫然，这是正常现象。”杨海林爸爸说，“孩子们，学业对你们来说非常重要，所以必须要在这阶段打好基础，不断积累自己的人生财富，只有你学的多了，你才能更明白什么是自己想要的。这需要你们多方面地吸取经验，学习知识，参与各种实践活动，从中寻找自己的理想、兴趣所在。人生确实是一段旅程，但是怎么走，却决定着你一路的风景。”

“说的好。”陈默竖起了大拇指，“叔叔，听您这一席话，我真的是备受启发。我们确实需要充实自己，不断努力，把控住自己人生的‘方向盘’，有方向才不会迷茫，才会有更大的希望。”

不光这些临近毕业的学生们感觉迷茫，其他的人又何尝不是呢？时代的飞速发展不仅带来了经济的繁荣，很多人也在这五光十色的霓虹灯中迷失了自己，找不到人生的方向。不论是在何种情况下，如果不能确定自己人生的方向，或者不能朝着这个方向而努力，那最后的结果就只有失败。

朋友们，人生的方向盘需要自己去把握，没有谁能代替你去走完自己的一生，我们要为自己而活。你的目标是否坚定，也取决于这个目标是否出于你真正的意愿，是否符合你的实际情况，是否真正扎根在你的内心深处。如果一个人没有目标和方向，那么他就会变得懒散、懈怠、积极性差，所以说方向对于人生有着很大的指引作用，可以说是我们前进的动力，我们一定要好好把控。同时，在朝着自己目标努力的过程中，去不断修正自己的方向，才能自己掌握自己的人生。

做好自己才能活得更精彩

《伊索寓言》中有这样一个故事：一个老头和一个小孩子用一头驴子驮着货物去赶集。赶完集回来，孩子骑在驴上，老头儿跟在后面。路人见了，都说这孩子不懂事，竟然让老年人徒步。孩子就忙下来，让老头儿骑上。于是旁人又说老头儿怎么忍心，自己骑驴，让小孩子走路。老头儿听了，又把孩子抱上来一同骑。骑了一段路，不料看见的人都说他们残酷，两个人骑一头小毛驴，把小毛驴都快压死了，两人只好都下来。可是人们又都笑他们是呆子，有驴不骑却走路。老头儿听了，对小孩子叹息道："没法子了，看来我们只剩下一条路：我们扛着驴子走吧！"

故事中的一老一少过于在意别人的看法，因此最后不知所措，他们可以说是完全让别人牵着鼻子走。是的，不管你怎么做你都无法满足所有的人，所以说，不要让他人左右你前进的方向，做好自己，让结果不留遗憾，这就已经非常不错了。

朋友们，想清楚，自己的方向是靠自己控制的，前进道路的选择权也在于你自己，别人可以给你建议，但是做主的还是你自己，所以说，快乐地做我们自己吧！按照我们自己的意愿去做人做事，不必勉强改变自己，也不必费心掩饰自己。这样，就能少一些精神的束缚，多几分心灵的舒展；就能少一点不必要的烦恼，多几分人生的快乐与洒脱。

有一个姑娘叫珊珊，从小长得不是很漂亮，她非常胖，跟同龄的孩子比起来年纪显得大一点，一直以来内心非常的自卑、敏感。珊珊的妈妈总是用自己的方法来打扮珊珊，让她感觉自己要比其他同龄的孩子大得多，珊珊也从来不和其他的孩子来往，她看起来非常害羞，总是独来独往。

后来，珊珊长大成人，直至结婚，她的性格也是没什么变化。珊珊总是躲在自己的壳里，跟老公的家人也很少交流，幸好老公的家人都非常好，他们鼓励珊珊走出自己的世界，希望她能变得开朗，但是他们所做的一切，总是令她紧张不安，有时她甚至害怕听到电话的声音。珊珊不愿意参加各种活动，对于那些实在推不掉的应酬，在表面上珊珊看着比较高兴，但是她的眼神里总是充满着恐慌。珊珊很在意他人的看法，如果看到别人在窃窃私语，她就会认为大家在议论她，如果别人多看她一眼，她就会认为那人是嫌她胖，或者厌恶她的穿着。每一天的生活对珊珊来说都很难受，觉得生活没有意义。

看到珊珊的现状，她的婆婆非常着急，有一次就跟珊珊谈话，询问珊珊到底怎么想的。交流一番之后，婆婆明白了她的心思，也给了珊珊很多建议。最后，婆婆说："珊珊，每个人都是独一无二的，那么，我们就应该保持自我，也就是说保持自己的本色，这样你才会活的轻松快乐啊！"这句话让珊珊恍然大悟，她明白她总是生活在别人的世界中，总是用别人的眼光、别人的模式去要求自己，根本就没活出真实的自我来。

从此以后，珊珊就变了。她开始重新审视自己，在乎自己的想法和看法，选择适合自己的穿衣风格，主动接听电话，甚至主动联系朋友，参加各种活动，虽然还是有些紧张，但是她已经能有勇气在活动中发言了。珊珊说："每个人都在主动接近我，我看到他们真的很亲切，很开心。"老公一家也很欣喜于珊珊的变化。

爱默生在散文《自恃》中写道："每个人在受教育的过程当中，都会有段时间确信：物欲是愚昧的根苗，模仿只会毁了自己；每个人的好坏，都是自身的一部分；纵使宇宙充满了好东西，不努力你什么也得不到；你内在的力量是独一无二的，只有你知道自己能做什么。"朋友们，我们要明白，最精彩的活法就是保持自我。没有了自我，何谈生活？我们每一个人都是独一无二的，我们都有自己的生活需要经营。所以说，做好自己，把控住方向，不要被他人左右，活出最精彩的人生。

勇于做一个有主意的人

自古至今，成功的人有一个相同之处，那就是敢于坚持主见，有自己的想法，并且能够果断地做出自己的抉择。有主见才能突破前方的障碍，打开成功的大门。那些没主见的人，只会人与亦云，什么时候都是被人牵着鼻子走，他们的内心不断地摇摆，殊不知成功已经在他们面前消失得无影无踪。

玛格丽特·撒切尔夫人，英国著名政治家，曾经连续3次当选英国首相，同时也是欧洲历史上第一位女首相。她在重大的国际、国内问题上立场坚定，做事果断，被誉为世界政坛上的“铁娘子”。

然而，撒切尔夫人并非政治天才，她的性格、气质、兴趣等都深受父亲的影响，她成功的人生源于父亲培养起来的独立主见和高度自信！正如后来她在当选为首相时所说的那样：父亲的教诲是我信仰的基础，我在那个十分一般的家庭里所获得的自信和独立教诲，正是我获选胜出的武器之一。1925年10月13日，撒切尔夫人出生于英格兰林肯郡格兰瑟姆市的一个杂货店家庭里。她的父亲爱好广泛，热衷于参加政治选举。撒切尔夫人受父亲的影响，博览政治、历史、人物传记等方面的书籍，从小对政治就有相当多的了解。

撒切尔夫人的家教十分严格。小的时候父亲就要求她帮忙做家务，10岁时就在杂货店站柜台。在父亲看来，他给孩子安排的都是力所能及的事情，所以不允许女儿说“我干不了”或“太难了”之类的话，借此培养孩子独立的能力。父亲常谆谆告诫她千万不要盲目迎合他人，并经常把“自己要有主见，不要人云亦云”的道理灌输给她。因此，撒切尔夫人从小就学到了很多关于自信和要有独立主见的道理。

在撒切尔夫人入学后，她的阅历和想法不断增加，当看到同学们自由地玩耍和嬉戏时，她觉得小伙伴们有着比自己更为自由和丰富的生活。她开始羡慕朋友们一起在街上游玩，一起做游戏、骑自行车；也开始向往周末能和小伙伴一起去春意盎然的山坡上野餐。终于有一天，她把自己的想法告诉了父亲，期待能得到父亲的同意。然而，父亲却沉着脸并严厉地对她说：“孩子，你必须有自己的主见！不能因为你的朋友在做什么事情你就也去做同样的事情。你要自己决定你该做什么，千万不能随波逐流。”

听完父亲的话，撒切尔夫人默默地低下了头，不吭声。见到女儿不说话，父亲缓和了语气，继续劝导女儿：“宝贝，不是爸爸限制你的自由。而是你应该要有自己的判断力，有自己的思想。现在是你学习知识的大好时光，如果你想和一般人一样，沉迷于游乐，那以后将会一事无成。我相信你有自己的判断力，你自己做决定吧。”

父亲的一席话深深地印在了她的脑海里。她想：“是啊，为什么我要学别人呢？我有很多自己的事要做，刚买回来的书我还没看完呢。”于是她不再幻想和同学们去游玩，而是潜心学习，积极进取。

是的，无论如何我们都要保持自己的想法，不能看着别人做什么我们就为之心动，随波逐流。每个人都是独立的个体，每个人都有自己独特的想法，我们要明白自己的使命，要看清人生的方向，无论何时都要拿定自己的主意。

丽丽就要面临中考了，而此时身边的同学们对于升学却有着不一样的看法。就连她的宿舍里也产生了几派不同的想法。张萌想考中专，林夕想考技校，李晓想考职高，陈寒想考高中……这时候的人心可以说是比较浮躁，她们感到很迷茫，同时与家里的想法也不太一致，所以都在纠结着。但是丽丽却一直想考重点高中，只要考上了重点高中，就等于迈进了大学门槛，她的理想就是要上大学。

那时，丽丽家住在一个小镇，经济不发达，所以，人们的观念还比较保守。

丽丽有一个邻居，平时称呼她王阿姨，王阿姨经常去她家串门，当王阿姨在与她妈妈闲聊得知丽丽要考重点高中时，就对丽丽妈妈说：“老姐呀，一个女子念那么多书干啥？没必要有太高的学问，识几个字，将来找个好婆家就行了，干事业、挣钱养家是男人的事。何况，女子将来都是人家的人，供她念书那不是白花钱吗？早点上班，还可以为家里多挣几年钱。”听了王阿姨的一番劝说，丽丽妈妈的心里有些动摇了，不再支持女儿考高中，而要她考技校，或者去工厂打工。

妈妈的决定让丽丽心里十分难过，她对妈妈说："妈妈，请您给我一次机会吧，如果我考不上，我就去打工，补贴家用。"妈妈看到丽丽坚定的样子就勉强同意了。虽然妈妈同意了，但她的心里却依然感到十分沉重，好像压了一块巨石使她喘不过气来。

此后，丽丽更加努力地读书，她决心通过自己的努力考上重点高中，让别人都看一看，女孩儿一样能考重点、上大学。后来，她以优异的成绩考上了县里最好的高中，在三年后考上了理想的大学，丽丽的愿望终于实现了。

有的人在面临打击时会丧失信心，听从他人看法而否定了自己的能力；而有的人却会坚定自己的想法，用实力证明自己到底有多棒。朋友们，如果此时你退缩了，那不就正好证明了他人说的是对的吗？别人的意见只是参考，而自己的方向需要自己去做决定，一味地听从只会让你一败涂地。不要人云亦云，也不要随波逐流，遇事想一想，多考虑一下，对与错在于自己，即便失败了，你也不会后悔，因为那是自己的选择。

无关紧要的事，必须忽略

英国著名作家狄斯雷利深刻地指出："为小事而生气的

人，生命是短暂的。”

一个人过多纠缠于小事很容易变得不可理喻，失去人格魅力。所以说，对于无关紧要的小事我们要懂得忽略。学会了忽略才会有更多的空间去做重要的事，才会活的更加轻松、快乐。

有这样一个经典的哲理故事，相信大家会备受启发：

两个朋友在沙漠中旅行，旅途中他们为了一件小事争吵起来，其中一个还打了另一个一记耳光。被打的人觉得深受屈辱，一个人走到帐篷外，一言不发地在沙子上写下：“今天我的好朋友打了我一巴掌。”

他们继续往前走，一直走到一片绿洲，停下来饮水和洗澡。在河边，那个被打了一巴掌的人差点被淹死，幸好被朋友救起来了。在被救起之后，他拿了一把小剑在石头上刻下了：“今天我的好朋友救了我一命。”他的朋友好奇地问道：“为什么我打了你之后，你要写在沙子上，而现在要刻在石头上呢？”

他笑着回答说：“当被一个朋友伤害时，要写在容易忘的地方，风会负责抹去它；相反，如果被朋友帮助，要把它刻在心灵的深处，那里任何风都不能磨灭它。”

我们会面临许许多多的事情，有开心就有难过，这都是情理之中的事情。虽然我们左右不了事情的发生，但是我们可以左右自己的内心，学会丢弃。当所有不好的事都被你丢弃在发生的那一时刻，下一刻，就代表着幸福和快乐。

是的，我们要学会忽略，忽略人生中那些不快乐的事情，那些无关紧要的事情，腾出自己的心，装下更多的欢乐，轻松地去做自己想做的事，做人生中最重要的事情。

时时充电，才能能量满满

有一句名言是这样说的：“除了生命之外，我们还有一样东西不能放弃，那就是学习。”是的，所谓的“活到老，学到老”就是这个道理。在现在这个充满竞争力的时代，我们只有不断地学习充实自己才能更好地适应社会的发展，才能在自己的前进道路上不迷失方向。社会的竞争规则是强者胜，企业的用人标准是能者上。就算你曾经风光无限，但如果你停滞不前，很快就会被甩在后面，甚至惨遭出局。朋友们，时时为自己充电，带着满满的能量出发吧！

李志鹏是一所大学法律系的大学生，从小他就梦想自己有朝一日能够成为一个出色的律师。所以，上大学时他毫不犹豫地选择去一家律师事务所打工，李志鹏的同学都嫌进律师事务所给人打工赚钱既少又累，简直就是浪费青春，可是李志鹏却不这样想，临近毕业的时候他就已经搜集了很多律师事务所的资料，了解了一些比较出名的律师，其中一位叫李海的律师就是他非常想要学习的榜样。李海为老百姓打官司，无论多么难办的案子他都能理清头绪，被人称为百姓的律师。大学毕业后，李志鹏来到这家律师事务所，想方设法为李海老师工作。李志鹏每天跟在李老师后面，一点一滴地向他学习，和李海老师一起办了几件大官司。渐渐地，当地的百姓都知道李海老师有一个好学生叫李志鹏，他的办事能力也很强。每当李海老师忙不过来的时候，事情都交给李志鹏做。终于李志鹏也成了当地的著名律师，实现了自己的理想。

如果你不知道怎样去提升自己，激发自身的潜在力量，那就找一位你所热衷的行业里的成功的前辈作为榜样来学习，你可以全方位、多角度地学习前辈的方法、模式、经验，时间久了，遇到合适的机会，你就会在这个领域成就一个不平凡的自己。

东吴名将吕蒙，因家庭条件没有读书，但他作战英勇，屡立战功。孙权即位后，就提升吕蒙做平北都尉。

建安十三年（208），孙权派吕蒙为先锋，亲自攻打黄祖。吕蒙没使孙权失望，他斩了黄祖，胜利回师，被提升为横野中郎将。

但吕蒙有个缺陷，他学识不高。带兵镇守一方，每向孙权报告军情时，只能口传，无法书写。一天，孙权对吕蒙和蒋钦说："你们从十五六岁开始，一年到头打仗，没有时间读书，现在做了将军，应多读书。"吕蒙说："忙啊！"孙权说："再忙，有我忙吗？我不是要你做个寻章摘句的老学究，只要你粗略地多看看书，多学习一点。”说着给他详细列出《孙子兵法》《六韬》《左传》《国语》《史记》《汉书》等书单。

此后，吕蒙开始发奋读书，后来竟达到了博览群书的地步。

鲁肃做都督的时候，仍然以老眼光来看待吕蒙，以为吕蒙还是学识不高的武将。有一次，鲁肃同吕蒙聊天。吕蒙问鲁肃：“您肩负重任，对于相邻的守将关羽，您做了哪些防止突袭的部署？”鲁肃说：“还没有主意！”吕蒙就向鲁肃陈述了吴、蜀的形势，提了五点建议。鲁肃听了非常佩服，赞扬吕蒙见识非凡，认为吕蒙很有才华。鲁肃走到吕蒙跟前，拍拍他的后背说：“真是聪明一世，糊涂一时，吕兄进展如斯，我却总以为你只有勇武。不想，听君一席话，茅塞顿开，原来吕兄也是饱有学识，可笑愚弟看走了眼。”

吕蒙一笑说：“士别三日，理应另眼相看，况且你我之别，远非三日。今日一叙，大哥你可不能再用老眼光来看我了。”

从此二人成了好朋友。不久他又接替鲁肃统率东吴的军队，成为一代名将。

这就是转变，源于不断的学习和努力。

第02章

变成更好的自己，等待好的转变

成长的过程就是一个不断修正的过程，一个不断走向完善的过程，我们每一个人都不应该抱着得过且过的心态，要学会在每一个人生阶段让自己变得更加优秀。当然走向成功需要一段很长的路，我们必须要有耐心，一个善于等待的人，一切都会及时到来。等待并不是坐享其成，而是需要藏锋守拙，在等待中成就大器，不断改变自己，超越自己，终有一天我们会呈现出最完美的一面。

对失败要有一个正确的认识

什么是失败？失败是一块试金石，它可以鉴定出你是否是金子；失败是一面镜子，在它面前，有人悲观颓废、自暴自弃，有人乐观开朗、积极向上。其实，已经过去的事情无可挽回，如果在错过月亮的时候你还在哭泣，那么你很快就会错过星星。我们必须对失败有个清醒的认识，不要经不起失败的打击与碰撞，我们应该明白，没有人永远都是成功的，失败是很平常的事情。我们必须坦然接受失败的事实，认真分析、审视自己受挫的过程，多多寻找方法，克服生活中存在的问题。只有在跟失败的决斗中无所畏惧，才能打败它，走向成功。

李云和鹏鹏是邻居，平日里鹏鹏总去李云阿姨家里去玩。那天，李云阿姨晚上下班回家，看到8岁的鹏鹏一个人坐在街角，就连忙过去问他怎么了。鹏鹏看到李云，眼泪一下就止不住了，对李云说："阿姨，我爸说，今天的考试如果拿不到前三名，就不让我回家。"

李云连忙安慰他说："怎么会不让你回家呢，你爸爸只是想要激励你，让你获得好成绩。"鹏鹏擦着眼泪说："你不知道，这次考试没有考好，我真的不应该失败的。我一直都是班里最好的。我真的没有想到，怎么会这样呢？阿姨，你说，我该怎么办呢？”

李云只好对鹏鹏说：“鹏鹏，许多伟人都会面临失败，不可能每次都成功，大家都有发挥不好的时候，不要把这件事放在心上。你爸爸也不会真的不让你回家。”说着李云就拉着鹏鹏的手，往他家走去。

当李云敲开鹏鹏家的门时，鹏鹏的妈妈正拿着电话，见到鹏鹏，立刻对着电话大喊：“老公，鹏鹏回来了。李云给他送回来了。”隔得很远，都听得见鹏鹏爸爸的叫喊声：“宝贝儿子，你怎么这么晚才回来？你要吓死爸爸吗？”

李云接过鹏鹏爸爸的电话，向他报平安，并委婉地告诉他不要强求孩子，但鹏鹏爸爸说：“不是吧？我根本就没有说过这话，也从来没有强求过孩子要获得什么好成绩。鹏鹏这孩子就是耐挫性特差，一遇到点问题就受不了了。这可如何是好啊？”我这才知道，说不让回家居然是鹏鹏的幻想，他强行给自己定下一个高目标，并给了惩罚的标准。也许，他以为自己很轻松就能完成这个任务，所以结果出来之后才那么难以接受。

是的，不光小孩子这样，就连年纪大的人们也是抵抗不住失败的打击，长时间下来导致心理出现一些问题。朋友们，我们要有一定的耐挫力，学会接受生活中的挫折与失败，人生还有很长的一段路要走，如果因为一点小失败就萎靡不振，那以后的日子还怎么过呢？

一家大公司要招聘10名职员，经过一段时间严格的面试和笔试，公司从300多名应聘者中选出了10名佼佼者。

在招聘信息公布的那一天，一位年轻人看到结果名单上没有自己，当时年轻人感到十分的悲观，觉得人生无望，回家后就有了轻生的念头，还好当时被家里人及时发现了，否则后果不堪设想。

正当年轻人伤心之时，公司传来了好消息：他的成绩本是名列前茅，只是由于计算机的错误，才导致了落选。

当时听到这个消息，这位年轻人的家人们感觉非常的惊喜，可是没多久时间，坏消息却又再次传来：公司决定不录用他。原因很简单，公司的老板认为："如此小的挫折都经受不了，这样的人在公司里肯定干不出什么大事。"

很多人觉得考验一个人的能力主要是看他在困境中的表现，看他如何面对失败与挫折。看失败能否唤起他更多的勇气；看失败能否使他更加努力；看失败能否使他发现新力量，挖掘潜力；看失败了以后他是更加坚强还是就此心灰意冷。

美国考皮尔公司前总裁F. 比伦曾说过："失败也是一种机会。若是你在一年中不曾有过失败的记载，你就未曾勇于尝试各种应该把握的机会。"是啊，失败是成功的必经之路，一次次的失败就是通往成功道路上的一个个里程碑，只有从失败中吸取教训，总结经验，才能让我们不断成长前行。失败并不代表着结束，而恰恰是人生的一个新的起始点。当你失败的时候，请你不要停下脚步，只要放慢脚步寻找失败的原因，这样你接下来的步伐就会更加有力。

等待时机，才不会错过时机

有一则寓言故事讲述了一头口渴的驴子的故事，这则故事告诉了人们善于等待有着怎样的意义。

有一头驴，在固定的时间走到河边饮水。可是这个时候水里的鸭群扇动翅膀，正在开心地玩耍。它们嘎嘎地叫着，互相追逐，结果把水搅得浑浊不堪。

驴虽然渴得难以忍受，但是它滴水不沾，走到一边，开始耐心等待。

最后，鸭群平息下来，爬上岸，慢慢腾腾地走远。驴重新来到河边，可是河水还很浑。于是，驴又悻悻地走开。

“妈妈，驴为什么不喝水呢？”好奇的小青蛙对驴的举动很困惑，“它已经两次走到河边，可是连一口水也没喝就走了。”

青蛙妈妈回答道：“驴宁愿渴着，也不沾一口脏水。它会耐心等待，直到水变得洁净，变得清澈见底，才肯饮用！”

“哎呀！驴怎么这么固执呢？”

“你说的不对，孩子，与其说它固执，不如说它有耐心。”青蛙妈妈解释说，“驴善于等待，所以能够喝到清净的水；如果它缺乏克制能力和忍耐力，就只能喝浑浊的脏水了。”

从故事中我们可以看出驴非常的口渴，但是它却没有急着去喝脏水，而是用一颗平静的心去等待。我们应该从这只驴的身上学会坚忍的品质，要明白成功是需要有所等待的，而不是急于求成。一个人要想办成一件事，没有坚强的毅力和极好的耐心是不行的。学习是这样，工作和做事也是这样。

王猛出生在青州北海郡剧县，年幼时因战争动乱，他随父母逃难到了魏郡。在王猛年轻的时候，曾经到过后赵的都城——邺城，这里的达官贵大没有一个人瞧得起他，唯独有一个叫徐统的，见了他以后非常惊奇，认为他是一个了不起的人物。于是，徐统招请王猛为功曹，可是王猛不仅不答应徐统的招请，反而逃到西岳华山隐居起来。因为他认为自己的才能不应该干功曹之类的事，而是应该去帮助一国之君来干大事，所以他隐居在山中，静观时势变化，等待机会的到来。

公元351年，氐族的苻健在长安建立前秦王朝，力量日渐强大。354年，东晋的大将军桓温带兵北伐，击败了苻健的军队，把部队驻扎在灞上。王猛身穿麻布短衣，径直到桓温的大堂求见。桓温请他谈谈对当时局势的看法。王猛在大庭广众之中，一边把手伸进衣襟里去捉虱子，一边纵谈天下之事，滔滔不绝，旁若无人。

桓温见此情景，心中十分惊奇，他对王猛说：“我遵照皇帝之命，率10万精兵，号称正义之师前来讨伐逆贼，为百姓除害，以安天下。可是，关中豪杰却没有人到我这里来效劳，这是什么缘故呢？”王猛直言不讳地回答说：“您不远千里来讨伐敌寇，长安城近在眼前，而您却不渡过灞水去把它拿下来，大家都揣摩不透您的心思，所以才不来。”

桓温沉默良久。王猛的话正击中了他的要害，他的打算是，自己平定了关中也只能得个虚名，而实际利益是归朝廷所有的，与其消耗实力，为他人做嫁衣裳，还不如拥兵自重，为自己将来夺取朝廷大权保存力量。

正因为王猛一言即中，桓温更加认识到他的非同凡响，便道：“这江东没有人能比得上你。”

后来，桓温退兵了，临行前，他送给王猛漂亮的车子和优等的马匹，又授予王猛高级官职“都护”，请王猛随他一同南下。但王猛拒绝了桓温的邀请，继续隐居华山。开始的时候王猛的确是想借桓温这个机会来干一番事业的，但是他考察桓温和分析东晋的形势之后，认为桓温不是甘心久居人下之人，迟早会反叛朝廷的，但是以桓温的实力未必能够成功，自己在桓温手下很难有所作为。

桓温走后的第二年，前秦的苻健去世，继位的是中国历史上有名的暴君苻生。苻生昏庸残暴，杀人如麻。苻健的侄子苻坚想除掉这个暴君，于是广招贤才，以壮大自己的实力。他听说了王猛的名声，就派尚书吕婆楼去请王猛出山。苻坚与王猛一见面就像知心的老朋友一样，他们谈论天下大事，双方的意见不谋而合。苻坚觉得自己遇到王猛就像三国时的刘备遇到了诸葛亮；王猛觉得眼前的苻坚才是值得自己一生效力的对象。于是，王猛留在苻坚身边，积极为他出谋划策。

公元357年，苻坚一举消灭了暴君苻生，自己做了前秦的国君，而王猛成了他手下的得力助手，任中书侍郎，掌管国家机密，参与朝廷大事。王猛36岁时，因为才能突出，精明能干，一年之中连升了五级，成了前秦的尚书左仆射、辅国将军、司隶校尉，为苻坚治理天下出谋划策，干出了一番轰轰烈烈的大事业，成为中国历史上著名的杰出政治家。

王猛没有为了求取富贵荣华而做出一些急功近利的事情，他懂得韬光养晦，更有一颗隐忍等待的心，终于遇到了明主，也最终成就了自己的一番事业。总之，只要善于等待时机，你才不会错过时机，只有懂得积蓄能量，终有一天你会蓄势待发，一飞冲天。善于等待的人，一切都会及时到来，想要成就一番事业，就必须丢弃浮躁的心理，磨炼自己的意志，韬光养晦，这样才能成就更优秀的自己。

贪婪，使你在欲望中迷失自己

人之所以痛苦，很多时候是因为自己总是去奢求一些不现实的东西或者是内心处于无止境的贪求中，心太贪，得到了还想拥有别的；得不到的内心就会陷入无尽的痛苦中。一个贪得无厌的人，给他金银便怨恨没有得到珠宝，封他公爵则怨恨没封侯，这种人虽身居权贵之位却自愿沦为乞丐。很多人总是被内心的贪婪禁锢，最终结局搞得一发不可收拾，甚至有些人会搭上自己的一生，走上违法犯罪的道路。当拥有金钱成为你的目的，一个小小的谎言也能让你上当，那么贪婪就开始牢牢地控制住你了。

有一天，兄弟二人去城里赶集，在半路上碰到了一位白发苍苍的老爷爷，他说自己是山上的一位神仙。这位老爷爷说：“相遇是一种缘分，既然我跟你们兄弟二人有缘，那么我就告诉你们一个秘密。你们所住地方的附近有一座山，这座山在明天早上太阳刚刚升起的时候会张开一个山洞，从这个洞口进去就可以看到数不尽的黄金，而且这个洞里的黄金你们是可以拿的，可是有个条件是你们不能久留，在太阳下山之前必须离开山洞，否则你们将会被永远地闷死在大山底下。”

这两兄弟当时简直心里乐开了花，他们怀着无比感激的心情辞别了这位老爷爷，于是迅速地跑回家里做准备，就等着第二天进入山洞里面去取黄金，兄弟俩做梦都想要得到黄金。

第二天，天还没亮，他们兄弟二人便拿着准备好的袋子上路了，走了一会儿终于到了期望已久的大山，当他们来到山里，果然看见山脚下裂开一个山洞，兄弟两人进入山洞，眼前的景象果然和老爷爷所说的一模一样，山洞当中到处都是黄金，取之不尽。

他们当时简直是不敢相信自己的眼睛，冷静下来之后，他们开始疯狂地往自己的袋子里装金子。他们装了好久好久，终于，弟弟把袋子装得满满的，这时，他看了看外面的天，招呼哥哥必须抓紧走了，否则太阳落山之后就永远出不去了。

但是哥哥却非说他的袋子还没装满，弟弟走过去一看，天啊，原来哥哥准备了一个特制的大袋子，要想把这个袋子装满那真的需要费一番工夫。可是问题是，即便是哥哥能把这个特大的袋子装满，他怎么有力气能把这么多的金子背出山洞呢？完全不可能啊！当弟弟把自己的这一想法告诉哥哥的时候，哥哥不屑地说，只要弟弟帮他装满了袋子，他就一定能够背出去。于是弟弟只好帮哥哥继续往袋子里装黄金，后来袋子终于装满了，可是太阳已经快落下山了，这时他们很着急地往山洞的出口走。

在路上，只背着一小袋金子的弟弟走得比较快，但是哥哥却因为装的黄金太多而寸步难行。

此时，弟弟已经到达洞口，他看了一眼太阳，大声地吆喝哥哥赶紧扔掉金子往外跑，可是哥哥还是没有理会，笨笨地拖着自己的金子往洞口走。

在太阳落山的一刹那，劝说不动哥哥的弟弟只好无奈地走出了洞口，当他回过头的时候，山洞已经关闭了，过于贪婪的哥哥和他背负的满满一袋黄金永远地被埋在了山底下。

舍弃并不意味着我们将失去，相反，正是因为舍弃，我们才能更好地生活。人生在世，总会有面临多种诱惑之时，这个时候，我们一定要头脑清醒，学会有选择的舍弃。如果贪婪过度，那么最后你将会被折磨得疲惫不堪，或许本来你应该得到的东西也将因为你的贪婪而不断失去。

在一座大山里，住着一只麻雀和一户人家。麻雀靠捡食农户掉在地上的米粒为生，倒也生活无忧。可田鼠的到来改变了这一切，由于米少鼠多，轮到麻雀起床时，几乎只剩下些屑末了。

麻雀非常恼火，为了抢夺食物，好几次都在半夜起来，但仍然比不过眼疾手快的田鼠。麻雀想，一定要找个机会除掉这些眼中钉。

机会终于来了，一条饥饿的眼镜蛇爬了过来，田鼠们开始整日惶恐不安。这天，天刚蒙蒙亮，眼镜蛇爬到了田鼠的窝边，查看了一番，没发现目标，便把目光瞄向了树上。

安枕无忧的麻雀并不知道危险的靠近，就在眼镜蛇张开血盆大口的时候，田鼠及时报警，才让它逃离了危险。

于是，为了生存，麻雀和田鼠开始合作。麻雀在空中巡逻，负责给就眠的田鼠们报警，而田鼠也会给麻雀留下可观的米粒。

随着麻雀的长大，它的胃口越来越大，它开始不满足了，提出了分享一半粮食的要求。但它被拒绝了，原因是田鼠家族又多了两个孩子，需要大量的食物。心怀恨意的麻雀便开始寻思，要是既解决了田鼠，又能保证以后衣食无忧，岂不是两全其美的事？

一个风和日丽的下午，田鼠们爬出来晒太阳，麻雀自告奋勇担任警戒，没多想的田鼠们便美滋滋地睡了。眼镜蛇如箭一般冲向田鼠一家，在空中盘旋的麻雀发现了，它张了张嘴，但还是忍住了。

当然，麻雀最后也被眼镜蛇吃掉了。

诱惑无止境，欲望也无止境。面对形形色色的事物，很多人完全失去了理智，他们永远感觉不到知足是什么，因为贪婪的心只会让他们越陷越深。生活中多少这样的事情啊，比如，偷盗、贪污受贿、赌博……当一个人沉浸在欲望里的时候，他们其实已经迷失了自己，只为了寻求更多。朋友们，凡事讲求一个度，有舍才有得，我们要克服贪婪，从容面对生活，这样你收获的不仅是财富，还有无尽的欢乐。

能忍，才能为人所不能为

古人云：“忍人之所不能忍，才能为人所不能为。”忍耐是一种力量，很多时候能够创造奇迹。当我们收回拳头的时候，从来都不是因为放弃，而是一种蓄力，只有收回的拳头打出去才能更加有力。

唐朝诗人张公的《百忍歌》可以推荐给大家诵读。

百忍歌，歌百忍；忍是大人之气量，忍是君子之根本；

能忍夏不热，能忍冬不冷；

能忍贫亦乐，能忍寿亦永；

贵不忍则倾，富不忍则损；

不忍小事变大事，不忍善事终成恨；

父子不忍失慈孝，兄弟不忍失爱敬；

朋友不忍失义气，夫妇不忍多争竞；

刘伶败了名，只为酒不忍；

陈君灭了国，只为色不忍；

石崇破了家，只为财不忍；

项羽送了命，只为气不忍；

如今犯罪人，都是不知忍；

古来创业人，谁个不是忍。

忍耐也是一种智慧，小不忍则乱大谋，不懂得忍耐何谈成就更好的自己？其实，从某种意义上说，忍耐也是为了等待，等待自己更好层次的到来；忍耐也是为了积蓄自己的力量，为了变成更优秀的自己而磨炼心性。只有学会了忍耐，才能为人所不能为，因为成功需要蓄力。

春秋时期，越王勾践被吴王夫差打败，退守在会稽山上。越王要求跟吴国讲和，吴国的条件是要勾践夫妇到吴国给夫差当仆役，勾践答应了。

勾践将国事委托给大夫文种，让大夫范蠡随他夫妇俩前往吴国。到了吴国，他们被囚禁在山洞石室中。夫差两次外出，勾践都亲自为他牵马。有人指骂他，他也不在乎，低眉顺眼，始终表现出一副驯服的面孔，很讨夫差欢心。

一次，夫差病了，勾践在背地里让范蠡预测了一下，知道此病不久就会好，于是亲自去见夫差，探问病情，并亲口尝了尝夫差的粪便，向夫差道贺，说他的病很快就会好的。夫差问他怎么知道，勾践就胡编说："我曾经跟名医学过医道，只要尝一尝病人的粪便，就能知道病的轻重。刚才我尝了大王的粪便，味酸而稍微有点苦，用医生的话说，是得了'时气症'，所以病会很快好，大王不必担心。"

果然不几天，夫差的病就好了。夫差认为勾践比自己的儿子还孝顺，深受感动，就把勾践放回国去了。

勾践归国后，深为会稽之耻而痛苦，一心伺机报仇。他睡不好觉，吃不好饭，不近美色，不看歌舞，苦心劳力，唇干肺伤，对内爱抚群臣，对下教育百姓，经过三年的努力，百姓都归顺了他。

为了更好地笼络群臣，每当有甘美的食物，如果不够分，他就不敢独吃；有酒就倒入江中，与人民共饮；他自己耕种吃饭，靠妻子亲手织布穿衣，吃喝不求山珍海味，衣服不穿绫罗绸缎。为了锻炼斗志，他不过舒服生活，连褥子都不用，床上铺着柴草，还备一个苦胆，随时尝一尝苦味，以不忘所受之苦。他还经常外出巡视，随同车辆装着食物去探望孤寡老弱病残。

国力强盛之后，越国终于与吴国在五湖决战，吴国军队大败，越军包围了吴王的王宫，攻下城门，活捉夫差，杀死吴国宰相。灭掉吴国两年后，越国称霸诸侯。

勾践卧薪尝胆，忍他人所不能忍，为他人所不能为，是隐忍让他成就了最后的霸业。对于一个王者来说，甘于屈尊于他人，以奴仆的身份面对世人，那是一种多大的魄力啊！这是一种韬光养晦的谋略，也是一种能屈能伸的气魄，更是一种等待时机一飞冲天的智慧！

《猫王》中有一段话很有意义："一只不懂忍耐的猫，是不配作战的。你手里有千军万马，可是，战争给你的机会也许只有一次，你必须先学会等待，让自己静下来，因为只有这个时候，你的头脑最清醒，能够对事态作出正确的判断。一旦机会来到，你才能稳稳抓住，作出致命一击。"是的，凡事能够有所作为的人，大都有着能屈能伸的个性和坚韧不拔的品质。我们不可能永远处于被动状态，翻身的那一天总会到来，因此学会忍耐，积蓄自己的力量，这样在机会来临的时候才能证明自己的能力。

改变自己，超越自己

张颖是一个非常优秀的学生。在学校，她几乎是"全优生”——每次考试全校总分第一，各单科第一；参加全校运动会，她是长跑组的第一；参加唱歌比赛，她是全校第一。总之，在学校，提起张颖的名字，其他的同学都知道她是“第一”。

但是，进入了高二后，张颖却变得闷闷不乐起来，而且学习成绩也直线下降，不仅拿不到各单科第一，连总分第一也拱手让给了别人。于是，她越来越烦躁，脾气也越来越坏……

后来，班主任发现了其中的秘密——原来，张颖长期“第一”后，自尊心膨胀，便力争事事第一，一旦看到“本属于自己的第一”被别人夺走后，便会谴责自己，便会日夜加班去追赶。结果，由于休息得不到保障，她失去“第一”的次数越来越多，情绪不好的时候也越来越多，内心也越来越痛苦。

有一天早上，张颖第一个到校，走到教室门口时，另一个同学冲上来，抢着去开门，说：“我今天做回第一！让我尝尝开教室门的滋味儿！”

不容分说，那个同学抢先打开了教室门，并冲了进去，然后回头冲着张颖得意地笑。她的光芒顿时隐去，她的心隐隐发痛。张颖忍住泪水，脱口说一句：“第一是我的，你怎么可以……”

那个同学向张颖做了一个鬼脸，说：“干嘛老占着第一，让我也尝尝第一的滋味儿……”

事事争第一的张颖此时恨不得从地缝钻下去，因为自己的第一被别人强行抢走了。

事后，班主任老师找到张颖，跟她说道：“张颖，我知道你现在的情况，因为成绩一直是第一，所以感觉如果稍微有一点变动就会接受不了。争取‘第一’说明你的上进心比较强，但是你不能永远被‘第一’给牵制住。我们是要尽全力让自己变得优秀，但是人人不能保证自己永远第一，我们不能在成绩起伏的时候迷失了自己。我们改变不了别人，也无法阻止他人的前进，但是我们可以做的就是不断完善自己，超越自己。做到成绩优秀时不骄不躁，成绩下降时积累经验，这样才能健康地成长。”

张颖听到老师的话感觉非常受益，从此她也不再因此而烦恼，而是以一颗平常心去面对，尽最大努力改变自己，超越自己，变得更加开朗，成绩也仍旧那么优秀。

是啊，我们改变不了这个世界，但是我们能改变自己，我们可以让自己变得更加优秀。只有看到自己的缺点和不足，能够正视自己，那么我们才能更好地完善自己。

约翰·戈达德是美国洛杉矶郊区一个没见过世面的孩子，他15岁时就把自己一生想干的大事列了一个表，题名为“一生的志愿”。表上列着：“到尼罗河、亚马逊河和刚果河探险，登上珠穆朗玛峰、乞力马扎罗山和麦特荷恩山，驾驭大象、骆驼、驼鸟和野马，探访马可波罗和亚历山大一世走过的道路，主演一部《人猿泰山》那样的电影，驾驶飞行器起飞降落，读完莎士比亚、柏拉图和亚里士多德的著作，谱一部乐曲，写一本书，游览全世界的每一个国家，结婚生孩子，参观月球……”他还给每一项都编了号，一共有127个目标。

到目前为止，戈达德已经完成了127个目标中的106个。在实现自己目标的过程中，他历经艰辛，多次冒险，有过18次死里逃生的经历。他曾对别人说：“这些经历教我学会了百倍地珍惜生活，凡是我能做的我都想尝试，人们往往活了一辈子却从未表现出巨大的勇气、力量和耐力。但是我发现当你想到自己的人生快要结束的时候，你会突然产生惊人的力量和控制力，而过去你做梦也没想到过自己体内竟蕴藏着这样巨大的能力。当你这样经历过之后，你会觉得自己的灵魂都升到另一个境界之中了。”

其实，每个人都蕴含着无限的能量，只是大部分人没有发挥出来而已。你不逼自己一把，真的不知道自己到底有多优秀，所以我们应该像约翰·戈达德一样懂得挑战自己的极限，不断地超越自己，让自己迸发出惊人的力量，这样你才能看到一个全新的自己。每一个自我都必须处于不断地更新之中。经常进行新的自我策划，就可以在不断的成长中脱胎换骨，生命的品质也会在这不断的变化中趋向更高的境界。

第03章

经得住打磨，更懂得自省和平和

“宝剑锋从磨砺出，梅花香自苦寒来”，人必须要经历一定的打磨才能磨炼出最坚毅的品质，才能走向人生的辉煌。正如珍珠，它原本只是一粒沙子，人们看到的是它的晶莹与美丽，但是没有看到它大放光彩之前自我磨炼的孤寂。想要出类拔萃，你必须承受住成功之前的寂寞，必须用自己平和的心态来面对当下的困苦，不要让任何事情成为你放纵自己的理由，我们要记住：再艰难的人生，也不能磨灭自己的志向。

不要在成功之前倒下

牛顿说过：“胜利者往往是从坚持最后5分钟的时间中得来的成功。”世间最容易的事常常也是最难做的事，最难的事也是最容易做的事。很多没有成功的人最怕的就是那种不成功之前痛苦的折磨，最终半途而废。都说“黎明前是最黑暗的”，其实在成功之前也是最寂寞的。只有你耐得住成功之前的寂寞，静静地品味此时的滋味，才能跨越成功所必须经历的障碍。

上课铃响了，刘老师走进了五年级二班的教室，这节课的讲课内容是关于如何获得成功的。他告诉学生，要想获得成功，很重要的一点就是愿意为目标不断努力。

“重复真的是一件令人烦恼的事情！”李林说道。

“是呀，如果老是受挫，我会很灰心。”张涵说。

“同学们，”刘老师回答，“半途而废终究一事无成，而且你将会失去很多锻炼自己的机会，成功更是遥遥无期。还记得发明电灯泡的爱迪生吗？据说他尝试了1000多次才获得最后的成功。你们试想一下，如果他在尝试了50次、500次甚至800次之后，因为厌烦或灰心而放弃了，世界会变成什么样？”

“看来我应该在体育课上继续练习投篮。”李林说。

“没错。”张涵说，“我也要继续努力，把字写得漂亮一点。”

“说得很好！”刘老师说，“如果一开始你失败了，那就继续努力，再接再厉。灰心丧气，放弃认输，就意味着你肯定无法实现目标，但继续努力则表示你又多了一次成功的机会。当你最后成功的时候——哪怕之前你失败了1000次——你也会对自己充满信心，这不止是因为你获得了成功，还因为你拥有一种锲而不舍、永不放弃的精神。”

成功，说起来容易做起来难，因为成功之前需要经历一定的磨难和失败，许多人之所以做事情以失败告终，主要原因就是在成功之前因承受不住而倒下，既然倒下“认命”，那么何谈成功呢？就像刘老师说的“要想获得成功，很重要的一点就是愿意为目标一再努力”，你必须承受住成功之前的寂寞和痛苦，否则你也担负不起成功时的荣耀。

太阳神阿波罗和掌管文艺的缪斯女神卡利俄帕的儿子俄耳甫斯有一副优美的歌喉和一把漂亮的七弦琴，他的弹唱能使岩石落泪，使流水止步。

俄耳甫斯娶了一位美丽的仙女，叫欧律狄克，他们生活得幸福美满。可惜好景不长，妻子在林中游玩时，不幸被毒蛇咬伤而死。

俄耳甫斯悲痛欲绝，于是下到地府，决心把妻子救回来。

他拨动着七弦琴，借助歌声向冥王倾诉自己对妻子至死不渝的爱情。备受感动的冥王终于同意让他携妻子重返人间，但条件是他在走出地府之前，都不能畏惧艰险和为情所动，更不能回头看妻子一眼。

俄耳甫斯高兴地答应了这个条件，随即带着自己心爱的人踏上重返人间的道路。他俩历尽艰辛，终于到达了只要再跨上一步就可重返人间的关口。

这时，颇为得意的俄耳甫斯居然忘记了冥王的告诫，深情地回眸看了一眼妻子，欧律狄克因此顷刻间便魂飞魄散，只匆匆留下了一句："永别了，亲爱的！"

俄耳甫斯从此郁郁寡欢，四年之后依旧孑然一身。其间无数美女向他求爱，都被他婉言谢绝了。因爱生恨的美女们于是在一次聚会上杀死了他，并将尸体撕成碎块，扔进了波涛汹涌的希伯伦河中。

后来，此事为天神宙斯所知。宙斯怜悯俄耳甫斯这位天才歌手的惨死，于是将其最心爱的那把七弦琴置于星空中，变成了我们现在所看到的天琴座。

俄耳甫斯缺乏一步的坚持，就被成功的大门远远地拒之门外，这是一个多大的遗憾啊。朋友们，我们在前行的道路上会经历很多的事情，但是我们应该明白如果半路放弃，那么前面所做的一切将会是前功尽弃，所以说不论何时都不要被挫折打败，要做一个经得起打磨的人。正所谓"行百里者半九十"，越接近终点就越难走好。这就告诫我们，做事情要持之以恒，善始善终，愈接近成功就愈要认真对待。

用反省拯救自己的缺憾

著名的思想家曾子曾说过："吾日三省吾身，为人谋而不忠乎？与朋友交而不信乎？传不习乎？"从这句话我们应该明白一个道理，那就是学会反省。自我反省的能力是人们一种内在的人格智力，是认识自我、完善自我和不断进步的前提条件。具备自我反省能力的人，就能正确地看到自己的不足，随后能够心甘情愿地去不断完善自己，让自己变得更加优秀。

陈玉成再次失业了，到处应聘也没有找到一份合适的工作，心里十分烦恼。有一天晚上，他坐在自己的出租屋里沉思。想起自己的三个好朋友，张寒、李运和陈刚都混的比他好多了。张寒是工程师，李运是一名运营经理，陈刚在一家杂志社当主编，都是相当体面的工作，陈玉成扪心自问，自己并没有什么地方不如他们。经过长时间的反思，陈玉成终于明白了自己落后他人的原因，那就是性格上的差异。

陈玉成一直想到凌晨两点，但是他的头脑依然很清醒，他用自省的"镜子"观照自己，发现自己第一次看清了自己，认识到了自己过去的种种缺陷。一直以来自己常常骄傲自大，而且做事情比较冲动，在工作上没有进取心，另外意志也不够坚定。然后，陈玉成痛下决心，决定痛改前非，做一个自信、乐观的人。

第二天，陈玉成怀着自信去面试，结果被顺利地录用了，在他看来，他之所以能得到那份工作，与前一晚的反省有很大的关系。

上班以后，凭着自己的努力，陈玉成很快就在公司树立了良好的口碑。有一段时间，公司的经济状况很不景气，员工的情绪都不稳定，而意志坚定的陈玉成已经成了公司的中流砥柱了，陈玉成力挽狂澜，带领公司的员工渡过了难关。因为他在公司最危难的时候做出了很大的贡献，老板将他提升为副总。

从陈玉成身上我们可以看到，他之所以能够取得成功，离不开自己的反省意识。是的，如果不懂得常常反省，那么你就不知道自己的缺陷在哪，也不会明白自己怎么去改善自己。只有多多反省，才能巧妙地运用自己的能力，使自己走向成功。

反省是人们认识自己的秘诀，大多数人因为没有经常反省自己的习惯，所以经常看不到自己的变化和周围环境的变化，进而看不清自己的本质，于是无法思考自己的未来。只有懂得了反省自己的不足，才能更好、更便捷地去实现自己的梦想，才不会得过且过地去面对自己的人生。

李哥和陈哥是多年的朋友，他们在同一个地方的一栋高级写字楼里，各自有一家小型公司。李哥公司的工作环境非常不和谐，员工们经常为鸡毛蒜皮的小事吵架，人人相互戒备，每天怨声载道，度日如年；而陈哥公司的员工们彼此之间则相互坦诚，相互尊重，人人笑容满面，每天心情愉快，开心不已。李哥看到陈哥的员工们天天和睦相处，内心非常羡慕，却又不知其中奥妙所在。于是，有一天他去楼上想找陈哥讨教。不巧陈哥不在，在接待大厅，他向接待员讨教秘方。

李哥问："你们有什么好办法使公司里一直保持和谐愉快的气氛呢？"那位普通接待员不假思索地回答："因为我们经常做错事。"正当李哥对此感到疑惑不解时，忽见一员工从外面回来，走进大厅时不慎摔了一跤。

这时，正在拖地的勤杂人员立刻跑过来，一边扶他一边道歉："真对不起，都是我的错，把地板拖得太湿，让你摔倒了，我向你真诚地道歉。"站在大门口的值班员见状也跑过来说："不，都是我的错，没有及时提醒你大厅里地板还没有干，应该小心点，都是我一时疏忽造成的。"摔跤的员工听后没有一句抱怨的话，更没有指责任何人，只是自责地说："不，不是你们的错，是我的错。都怪我自己太不小心了……"

看到了这一幕，李哥恍然大悟，他终于明白了陈哥的员工们和睦相处的原因所在。回到公司以后，李哥进行一系列的培训教育，让每个员工从自身做起，半年后，公司风气有了明显的好转。

与其抱怨社会的不公，生活的不顺，不如学会反省，反省让自己的内心更加舒畅明了。所以说，不论你性格好坏，也不论你是否顺心，我们都要懂得时时去反省自己、检讨自己，这样你的生活才会变得更加和谐。

德国著名诗人海涅说得好："反省是一面镜子，它能将我们的错误清清楚楚地照出来，使我们有改正的机会。"哲学家苏格拉底也认为："未经自省的生命不值得存在。"反省有许多好处，它能让我们更清醒地认识自己。在宁静的心灵状态下，我们可以看清事情的本来面目，包括我们对事情应负的责任、做事的方法。懂得反省，才能更好地进步。

穷且益坚，不坠青云之志

"穷且益坚，不坠青云之志"这句话来源于初唐诗人王勃的《滕王阁序》，"穷"并不是指"穷苦"的意思，在古文中象征着精神层面的意义，可以理解为"不得志，处境艰难、窘迫"，这句话主要是说"一个人处境越是艰难，就越是坚忍不拔，不丧失高远之志"！是的，人必须要有伟大的志向，即便人生再艰难，也不能让自己在困顿中丧失意志，丢弃自己的志向。我们要谨记自己的使命，时刻记住自己的志向，时刻为自己的志向付出比常人更多的努力，最重要的是要坚持到底，最终才能实现自己的梦想。

孔子是我国著名的教育家，他在小时候就树立了救世为民的远大志向，他曾经担任过管理仓库的“委吏”和管理牧场牲畜的“乘田”，在当时这些都是非常卑微的职业，但是为了实现自己的志向，孔子在这些普通而又卑微的职位上仍旧做出了成绩，后来他终于得到了鲁国权臣季氏的赏识，从此踏入了上大夫阶层。

后来，鲁国的君王让孔子代行国相的职务，参与国政的治理。孔子参与国政治理三个月的时间里就让鲁国发生了很大的变化，商人们不再哄抬市价，百姓们也恪守法律，社会秩序非常稳定。在这段时间里，孔子还做了两件大事：第一是他在齐国和鲁国两国国君会盟的时候，借助自己的口才和智慧使强大的齐国归还了鲁国的土地；第二他下令拆除了鲁国三大权臣之中季氏和叔孙氏的城池，以此加强国君的权力。虽然孔子治理国家的时间非常短，但是他的“救世”思想得到了广泛的传播，而且效果非常明显。这其实就是孔子坚守自己志向的结果，如果他在担任卑微职务的时候就放弃了，那么后面的这些故事就不会发生。

此时的齐国看到了鲁国的发展变化，他担心强大起来的鲁国对自己不利，于是就给鲁国的国君贡献了很多美女和歌妓以此来扰乱视听。鲁国的国君果然迷失了自己，不再关心朝政，孔子看到这些之后，认为自己的思想无法在鲁国实行下去，于是就带着自己的学生以及救世的主张离开了鲁国，他希望得到其他诸侯的信任。

当时，各个诸侯国几乎都由权臣或大氏族执政，他们都担心国君任用孔子而限制了他们，所以极力加害于他。孔子到卫国的时候，就有人带着官兵来威胁和恐吓他和他的弟子；孔子到宋国的时候，宋国的一些权臣也派人来暗杀他；孔子到楚国的时候，虽然得到了楚昭王的赏识，并且得到了700里的封地，但是却被令尹子西反对，孔子遭受了多次围攻，差点因此而丢失了性命。

虽然在各国奔波的孔子遭受了很多挫折和打击，也受尽了磨难，但是他一直坚持自己的志向，从来都没有改变过。曾经有一次，孔子在陈国和蔡国之间遭受了两国大夫的攻击，当时他和弟子已经很久没有吃到食物，因而没有一点力气了，很多学生因为饥饿而倒下了。可就算是面对这样的困境，孔子依然弹瑟吟唱，毫无沮丧泄气的样子。学生们看到屡遭挫折的老师仍旧如此乐观，更加增添了敬佩之情，很多学生都说："我们的老师有这样高的志向，就算现在不被人所理解，但是他依旧坚持，还在不断努力，这才是真正君子的做法啊。"

有些逃避到山林中隐居的人自认为看穿了世态炎凉就嘲笑孔子和他的救世思想。他们都认为孔子是在做无用功，他的努力只会让他一次次碰壁。有人还去劝说孔子的弟子不要再跟着孔子做傻事，不如和他们一样退隐山林，然后等着太平盛世的到来。孔子对此非常不屑，他说："我们不要在山林中和鸟兽为伍，如果我们处于太平盛世，那么我们还要做什么呢？"

孔子在各国奔波的过程中经常寄人篱下，连一个落脚的地方也没有，处境非常艰难，等他到了齐国之后，齐景公准备给他赏赐田宅，但是孔子却拒绝不接受，他对学生说："齐景公并没有接受我的主张，现在赏赐给我田宅无非是可怜我，这种做法我怎么可能接受呢？"孔子一直将救世为民作为自己最高的志向，他的这种坚持一直没有改变过，他也不追求荣华富贵。

后来孔子离开齐国之后，时隔十四年又回到了自己的家乡鲁国，因为没有诸侯国愿意接受自己的主张，所以他决定回到家乡从事教育事业。孔子打破了当时只有贵族子弟可以读书的传统，他招收了很多平民学生，并且认真培养他们。后来孔子的一些学生得到了一些诸侯国的重用，他们贯彻了老师的思想，不断奋斗，其实这都是孔子的志向在起作用。

等到孔子离开人世之后的汉朝，儒士董仲舒继承并且改进了孔子的思想，从而得到了汉朝皇帝的认可，于是出现了"罢黜百家，独尊儒术"的局面。虽然孔子一生都没有实现自己的志向，但是他对志向的执着使得儒家思想得以发展和传承，从某种意义上来说，其实孔子已经实现了自己救世为民的志向。

能实现自己志向的人，对他个人而言，他是一个成功者，也是一个幸福者。心存远大志向是成功的必要条件，但是仅仅拥有志向，你不一定能得到成功；不过如果没有自己的志向，成功对你而言就无从谈起。生活中，能做到像孔子这样坚守志向，执着追求的人又有多少呢？不论前途多么渺茫，不论世事多么的艰难，心在路上，脚在路上，一路前行，就没有到不了的明天。

心态平和，方能宠辱不惊

作家毕淑敏说过：“你不要总希冀轰轰烈烈的幸福，它多半只是悄悄地扑面而来。你也不要企图把水龙头拧得更大，使幸福很快地流失，而需静静地以平和之心，体验幸福的真谛。”

现如今，面对纷繁喧闹的世界，我们的内心往往难以保持平静。内心的不平静，反应到行动上，就会忙乱无序。平和是人的一种心态，也是人的一种精神状态。无论是伟人还是凡夫俗子，都必须要有平和的心态，才能活得潇洒轻松、快乐无忧。再者，如果没有平和的心态，一个人容易变得暴躁不安，遇事无法冷静地处理，在前进的道路上是很难走得长远的。

1914年，爱迪生的实验室发生一场大火，损失超过200万美元。他一生的心血在大火中化为了灰烬。

大火在最凶的时候，爱迪生的儿子查里斯在浓烟和废墟中发疯似地寻找他的父亲。他最终找到了：爱迪生正平静地看着火势，他的脸在火光摇曳中闪亮，他的白发在寒风中飘动着。“查里斯，你快去把你母亲找来，她这辈子恐怕再也见不着这样的场面了。”第二天早上，爱迪生看着一片废墟说道：“灾难自有它的价值，瞧，这不，我们以前所有的谬误过失都给大火烧了个一干二净，感谢上帝，这下我们又可以从头再来了。”

火灾过去不久，爱迪生第一部留声机就问世了。

很多事情是你无法左右的，但是你能做到的是把控自己的内心。正如爱迪生遇到的这次火灾，他从没有把它看作是一场灾难，而是觉得这是一次从头再来的机会，试问谁能够做到这一点呢？心态的平和与稳定更能够成就一个人的一生，因为在淡然中我们更能够有清醒的头脑来思考自己要做的事情。当自己身处困境的时候，我们不妨告诫自己“这点挫折算什么，没什么大不了，我不可能被打败，一切都会过去的！”这样或许更容易让我们的心境变得平和。

我国伟大的国学大师季羡林先生就是一位心态极为平和的人。在季羡林担任北大副校长期间，有一次他正走在校园里，有一个新生因要去报到却苦于无人看管行李，看到季羡林后，他以为是学校里的普通校工，就招呼一声说：“老师傅，您帮我看一下行李，我去办个入学手续就回来，好吗？”季羡林答应了，但那个学生一去就是一个小时，回来后发现季羡林还在，就说了声“谢谢”，季羡林也点点头就走了。在第二天的开学典礼上，那学生竟然看到昨天帮自己看行李的“校工”正坐在主席台上，一问才知道是季羡林。

季羡林就是这样一个具有平和心态，谦虚、正直、诚实的人，正是他的这种心态为他赢得了别人的尊重，也让自己能够在浮华的尘世里静下心来搞自己的学问。

著名学者张中行先生评价季羡林："一是学问精深，二是为人朴厚，三是有深情"。可是季羡林自己却对别人对他的那些关于"国学大师""泰斗""国宝"等称呼不以为然，他还写了三篇文章，叫"辞国学""辞泰斗""辞国宝"，在央视栏目"艺术人生"做嘉宾时，主持人朱军曾问他为什么要写这样的文章，季羡林却说，自己为国家做了点事情，配不上这几个称呼。

季羡林翻译出了令他享誉海内外的《罗摩衍那》。这是汉语的首译本，8大册，9万行，历时整整10年，为中印文化交流做出了巨大贡献。他还主编了《东方文化集成》这样的鸿篇巨著，计划10年出书500种。他那质朴的大脑永远都是白云舒卷，不知老之已至，乐于做各种事。就连生病在医院住院治疗期间，他也没闲下来，仍然每日坚持创作，日写2000字，每天也还在思考着他负责的一套中国佛教史学术巨著。

季老平时并不希望别人打扰他仅有的工作时间。因此除了非去不可的特殊活动，比如他主编的书要发行，学校安排什么活动，其他活动很少参加。他喜欢听二胡演奏的乐曲，但从不在这上面花费很多时间。他对于时间特别珍惜，除了吃饭、睡觉，就是工作、工作。

一颗平淡的心，成就了季羡林不平凡的人生。他专注于自己的研究，他不为世事烦扰，不被物质迷惑，遇事总能保持住自己的那颗平淡如水的心。朋友们，好的心态会给一个人带来太多太多的好处，它有益于一个人的身心健康，能让人的情绪保持稳定，此外还能赢得更多的敬重。静下心来，仔细看看这个世界，我们很容易就会察觉到，原来生活不是不美好，而是我们一直在抱怨中扭曲了生活。我们应该试着去做一个淡然的人，学会与人分享，学会在残缺中品味快乐，在逆境中感受幸福。

打磨自己，爱拼才会赢

“不想当将军的士兵，不是好士兵。”这是拿破仑说过的一句名言，相信大家都非常的熟悉。这句话写出了一个人想要成功的野心，野心也就是雄心，我们要知道世上成功者都是因为自己有一颗“想要当将军”的野心而最终达成目标的。有野心就要去拼搏，敢于拼搏，不断地打磨自己，才能有朝一日绽放出自己的光芒。珍珠，原本只是一粒沙子，它的存在不正好验证了这个道理吗？正如歌曲中唱的：“三分天注定，七分靠打拼，爱拼才会赢。”古今中外，许多成功者都是经过拼搏而成就其伟业的，从他们的背后，我们看到的是汗水，是奋斗，是拼搏。

《与生灵共舞》中曾经有这样一个片段：

在云南的热带雨林里，曾经生存着一群大象，这群大象生活在一片荒原中，无忧无虑，无争无斗，安睦和乐，幸福无比。可是世事难料，有一天，病魔突然降临到这个象群中，并打破了它们无忧无虑的生活。

病魔是可怕的，也是无法躲避的，在经过一番挣扎之后它们终于战胜了病魔，又迎来了幸福生活，这群大象中的绝大部分成员都挣脱了病魔的纠缠。可是却有一只小象由于抵抗力比较差，一直没有恢复过来，就要撑不住而倒下了。

然而，大象是不能倒下的，一旦倒下，就会因为内脏之间的巨大压迫而损伤自己。倒下，意味着置自己于死地。这就是大象以及其他体型较大的动物从来都是站着睡觉，而不肯躺下休息半秒钟的缘故。

于是，就在小象即将倒下的那一刻，大象出现了，它们两个一组轮流用自己的躯体夹住小象的身体，支撑住这微弱但珍贵的生命，他们用自己的血肉之躯与命运抗争。终于，奇迹发生了，在大象群体的呵护下，小象慢慢恢复了元气，终于完全病愈。

看到这个故事，我们会有很大的心灵触动，我们感慨于这其间伟大的爱，我们更感慨于这其间敢于战胜命运的精神。面临生死，面临困境，如果自己倒下了，如果丧失了生活下去的信念，那么一切将会全部结束。倘若你挣扎一下，奋力拼搏，支撑起自己活下去的信念，那么当你重新站起来的那一刻，你才会更明白生存的意义。

朋友们，人生就是一场搏斗。敢于拼搏的人，才能成为命运的主人，否则你只能被命运牵着鼻子走。车尔尼雪夫斯基曾说过："历史的道路不是涅瓦大街上的人行道，它完全是在田野中前进的，有时穿过尘埃，有时穿过泥泞，有时横渡沼泽，有时径经丛林。"我们的人生不可能总是风平浪静的，人们总会经历到一些狂风暴雨的时刻。所以我们要想稳稳地站住，就应该不断地打磨自己，敢于拼搏，永不放弃，永远记住：爱拼才会赢。

第04章

与其止步不前，不如逼自己一把

很多人舍不得让自己吃苦，总怕自己吃了亏，其实这是一种错误的观念。舍不得让自己吃苦的人，注定一辈子受苦，因为想要追求更有品质的生活，就要懂得逼自己一把，这样你才能看出自己到底有多出色。生活中要活得精彩，就要懂得不断向前迈进，抓住机遇，不断攀登，还要有着不放弃的精神，不断努力，尽力做好每一件事，那么，成功自然会水到渠成。

机不可失，时不再来

什么是机遇？其实机遇是一种有利的环境因素，让有限的资源发挥无穷的作用，借此更有效地创造利益。所谓“谋事在人，成事在天”，说的是事业成功取决于两方面的因素，一是主观努力，二是客观机遇。很多人在生活中因为抓不住机遇而总是徒留遗憾，最终后悔莫及。是的，机遇就像我们指缝间的时间，稍纵即逝，所以说，当机遇走到我们身边的时候，我们一定要在有限的时间内好好地把握住它。

《飘》这部文学名著在文学史上产生了很大的影响，根据《飘》改编的电影也是很受人追捧，其中因扮演女主角郝思嘉而大放光彩的费雯丽也是受到了很多人的喜爱。但是我们或许不知道，在接下这个角色之前，她其实只是一个不受瞩目的小角色。她之所以能够因此而一举成名，就是因为她大胆地抓住了自我表现的良好机遇。当《飘》开拍时，女主角的人选还没有最后确定。毕业于英国皇家戏剧学院的费雯丽当即决定争取出演郝思嘉这一角色。“怎样才能让导演知道我就是郝思嘉的最佳人选呢？”这个问题困扰着她。

费雯丽想了很多方法，她最终做出了一个决定，她要自己向制片人举荐自己，证明她是最合适的人选。一天晚上，刚拍完《飘》的外景，制片人大卫又愁眉不展了。可是正在自己郁闷的时候，他看到楼梯上走下来两个人，那位男士他认识，可是那个女士怎么这么陌生呢？只见她一手扶着男主角的扮演者，一手按住帽子，居然自己把自己扮演成了郝思嘉的形象，那双明亮的眼睛，那纤细的腰肢，都让人们惊艳。当时大卫感到非常的好奇，她的举止有一种似曾相识的感觉，正在这时，男主角兴奋的向他喊了一声："喂！请看郝思嘉！"大卫一下子惊住了："天呀！真是踏破铁鞋无觅处，得来全不费工夫。这不就是活脱脱的郝思嘉吗？！"于是，费雯丽被选中了。

这就是懂得为自己创造机遇的典型案例，费雯丽用自己智慧去制造机会，因而接下女主这一角色，从而一举成名。朋友们，机遇是非常重要的，我们要懂得为自己去制造良好的条件，这样才能更好地达成我们的目标，实现我们的愿望。

很久以前，住在伯利恒的大卫还是一个小孩子，他有八个强壮的哥哥。

虽然他只是一个孩子，但他长得英俊而强健。当哥哥们去山上放羊的时候，他也跟着一起跑。大卫就这样一天天长大，后来，他开始照看一部分羊群。

有一回，当大卫躺在山坡上看羊的时候，突然，一头狮子从森林中冲出来，并叼走了一只羊。大卫想都没想，就去追赶狮子，他纵身一跃，跳到了狮子的身上，抓住了狮子的鬃毛，他赤手空拳就杀死了那头狮子。

随后不久，战争爆发了，扫罗王召集军队去迎战，大卫有三个哥哥随扫罗王出征了，由于大卫年纪小，只能留在家里。一个半月后，大卫借着送食物的名义来到军营。当他到达那里时，只见喊声震天，军队正严阵以待，而对面的山坡上，站着一个大巨人。他正大踏步来回地走动着，炫耀着自己的强壮与勇猛。

以色列没有一个人敢前去迎战，大卫想上前去挑战一下："我要去迎战那个巨人。以色列神将与我同在，我不会害怕的……"大卫的哥哥想封住他的嘴，但来不及了。一旁早有人跑去报告给了扫罗王。

国王下令召见大卫，当大卫被带到扫罗王跟前时，扫罗王看到他是个孩子，便想劝阻。但是，大卫向国王讲述了他如何赤手空拳杀死狮子的事迹，并信誓旦旦地说："既然上帝能让我战胜它，那个巨人也没什么可怕的！"

国王允许了："去吧，孩子，上帝与你同在！"

国王要把自己最好的武器赐给大卫，但被拒绝了。大卫拿出自己的家伙，拎起牧羊童的袋子，背着投石器，就离开了以色列军营。接着，他又在小溪边挑选出了五块圆滑的石子。然后就去迎战巨人了，巨人见到对方只是个孩子，便压根儿不把他放在眼里。面对对方那庞大的身躯，大卫一点儿也不害怕。他勇敢地喊道："开始吧，拿好你的矛和你的盾。今天，上帝既然把你交到我的手中，我就一定会将你打败的！"

巨人冲向大卫，大卫一扭身子，躲过了巨人的庞躯。接着，他把手伸进袋子，掏出一块圆滑的石子，然后将其装上投石器，同时，紧紧地盯着巨人前额上头盔的连接处，拉起投石器，用强健的右臂将石子掷出去。只听“嗖”地一声，石子重重地击中了巨人的前额，巨人轰然倒地。一瞬间大卫飞奔过去，拔出剑，把巨人的头割了下来。

巨人死了之后，以色列军队士气大增，纷纷冲下山坡，杀向往四处逃散的非利士人。

战争结束后，扫罗王把大卫召来，并对他说：“你不用回去了，你将成为我的儿子。”

大卫就留在了扫罗王的营帐，很多年后，他取代扫罗王，成为新一任国王。

机不可失，时不再来，我们每一个人都明白这个道理，可是能做到的又有几个呢？抓住了机会，我们就可能乘风而起，登上成功的巅峰；如果错失了机会，我们就可能会让唾手可得的成功擦肩而过，因而懊悔不已。你不理机遇，机遇也不会理你，那么你离自己的梦想就会越来越遥远。当机遇来临时，我们一定要紧紧地抓住，当没有机遇的时候，我们也不要苦苦等待，无所事事，我们要结合时局为自己创造机遇，这样我们才能成为一个有所收获，有所成就的人。

不把时间浪费在拖延上

艾伦一直有一个毛病，办事情总是拖拖拉拉，不仅在生活上是这样，在工作上也不例外。例如，在工作中艾伦常常积压一大堆来信。如果第一封信中涉及一个棘手的问题，艾伦就把它搁置一旁，找一封容易答复的信去处理。就这样，没多久的时间，艾伦手头那些没有回复的信已经堆了好几包了。可是在艾伦眼里这是没办法的事，他感觉无法改变。

对此，曾有人告诉过他：“不要以为拖拖拉拉的习惯是无伤大局的，它是个能使你的抱负落空、破坏你的幸福、甚至夺去你生命的恶棍。”

是的，或许在艾伦看来这不是大事，或者也无心改变，但是我们却不能把这种习惯当成是一种独有的个性，也不要觉得自己是改变不了这种现状的。其实，拖延对我们来说是一个非常严重的坏习惯，正如别的所有的习惯一样，它也同样可以被克服掉。所以，你不应当回避那些棘手的信，应当首先处理它们。你因此而得到的鼓舞会使剩余的任务迎刃而解的。

后来，艾伦听从了大家的意见，也认识到了事情的严重性，他决心改掉这个毛病，直到彻底战胜它为止。于是艾伦不断向身边的人学习，他自己也掌握了一个原则：如果有一件事情要做，立即就干。最后，艾伦终于成功地改掉了拖拉的恶习。

拖延让我们的惰性越来越强，拖延让我们的借口越来越多，拖延让我们成事越来越少。总之，拖延就是潘多拉的魔盒，一旦打开，就会把我们推向无底深渊。如果你还想做一个有上进心的人，如果你不想蹉跎你的人生，那么就不要为自己的拖拖拉拉找借口了。

程刚和李寒是大学同学，关系比较好，于是毕业之后他们去了同一家公司面试，幸运的是都被该公司录取。因为刚毕业没什么经验，所以一开始，公司给他们开出的薪水都很低。面对低薪，程刚愤愤不平。于是在平时的工作中程刚总是埋怨、推卸责任，还利用工作时间和同事闲聊，把工作丢到一旁毫无顾忌。渐渐地，程刚做事变得拖拉起来，效率低下。要他星期一早上交的方案，到星期二早上依然未做完。经理批评他，他就带着情绪工作，把方案做得一塌糊涂。再后来，程刚接到工作任务时，不是考虑如何把工作做好，而是一开始就在想如何开脱、推卸责任。

李寒则不同，他虽然对低薪也感到不满，但他并未一味地去抱怨、闹情绪。在李寒看来，机会来自于汗水，一分耕耘一分收获，只有今天的努力，才能换来明天的收获。李寒懂得多利用时间学习，他经常在车间走动，熟悉制作工艺、学习产品生产流程，即使汗流浃背，也一丝不苟。长时间下来，李寒的负责、勤奋、好学引起了厂长的注意。不久，李寒就被提拔为厂长助理。而程刚因为对工作总是一拖再拖，最后被公司解雇了。

担任助理一职后，李寒依然积极主动，认真负责地处理厂里的每一项事务，分内的、简单的事，他总是第一时间完成；重要的、紧急的、需要领导决策的事情，他会及时向厂长汇报，并督促各部门坚持及时把工作做好，做到位。在李寒的组织管理和协调下，公司的生产效率得到了极大的提高。

工作中很多人喜欢拖拖拉拉，好像自己赚了便宜一般。他们觉得这是一种明智之举，这样做不但会使自己的工作变得轻松，而且所得到的报酬也不会因此而减少，那么又何乐而不为呢？可是他们却没有发现，他们已经把自己推到了懒惰、平庸、枯燥、失败的边缘。

工作中因拖延而丧失斗志，生活中也因为拖延而浪费时间的事情也是不在少数。很多人总是这样想，“等我富裕了，我一定带着我的父母到各国转一转；等我有时间了，我要去看看我之前的小伙伴；等我条件再优秀一点，我就对我喜欢的女孩表白；等到下一个春天到来，我一定会陪你去看最美的风景……”等着，等着，时间都过去了，而我们到底实现了几个当初的愿望，又兑现了多少诺言呢？其实很多事情我们都想做，可是都没做，我们总是在等待最恰当的时刻。事情就这样一天天、一次次地拖着，在拖延的过程中，我们蹉跎了岁月，我们也留下了遗憾，时间不等人，拖延让我们做的事情越来越少。所以说不要拖拖拉拉，有什么事情就尽力去做吧，不要让拖延的毛病导致自己一事无成。即刻去做，不仅提高你的办事效率，也是一种良好的生活习惯，更能体现出一个人对生命的尊重。

吃得苦中苦，方为人上人

“故天将降大任于斯人也，必先苦其心志，劳其筋骨，饿其体肤，空乏其身，行拂乱其所为，所以动心忍性，曾益其所不能。”如果一个人舍不得让自己吃苦，那么也就注定一辈子受苦，很多时候我们需要对自己狠一点，这样才能激发自己的斗志。“吃得苦中苦，方为人上人”不要把苦难当成是不可逾越的伤痛，也不要把它看得如此消极，一个人只有经历了艰难困苦的磨炼，才能真正树立起战胜困难的信心，在日后的人生中面对各种挑战。

宋濂，明朝初年浦江人，承旨知制浩。主修《元史》，参加了明初许多重大文化活动，参与了明初制定典章制度的工作，颇得明太祖朱元璋的器重，被人认为是明朝开国大臣之中的佼佼者。

宋濂年幼的时候，家境十分贫苦，但他苦学不辍。他自己在《送东阳马生序》中讲：“我小的时候非常好学，可是家里很穷，没有什么办法可以寻到书看，所以只能向有丰富藏书的人家去借来看。因为没钱买不起，借来以后，就赶快抄录下来，每天拼命地赶时间，计算着到了时间好还给人家。”就是这样他得到了丰富的学识。

有一次天气特别寒冷，冰天雪地，北风狂吼，以至于砚台里的墨都冻成了冰，家里穷，哪里有火来取暖？宋濂手指冻得无法屈伸，但仍然苦学不敢有所松懈，借来的书坚持要抄好送回去。抄完了书，天色已晚，宋濂只能冒着严寒，一路跑着去还书给人家，一点不敢超过约定的还书日期。因为他守信，许多人都愿意把书借给他看。他因此能够博览群书，增加见识，为他以后成才奠定了基础。

到了20岁，宋濂成年了，就更加渴慕圣贤之道，但是也知道自己所在穷乡僻壤缺乏名士大师，于是他不顾疲劳常常跑到几百里以外的地方，去找自己同乡中那些已有成就的前辈虚心学习。后来他觉得这样学习不是长久之计，于是就到学校里拜师学习。一个人背着书箱，拖着鞋子，从家里出来，走在深山之中，寒冬的大风，吹得他东倒西歪，数尺深的大雪，把脚下的皮肤都冻裂了，鲜血直流，他也没有知觉。等到了学馆，人几乎冻死，四肢僵硬得不能动弹，学馆中的仆人拿着热水把他全身慢慢地擦热，用被子盖好，很长时间以后，他才有了知觉，暖和过来。

为了求学，宋濂住在旅馆之中，一天只吃两顿饭，什么新鲜的菜，美味的鱼肉都没有，生活十分艰辛。和他一起学习的同学们一个个华服奇丽。但是宋濂不以为那是什么快乐，丝毫也没有羡慕他们，而是穿着自己朴素无华的衣服，不以为低人一等，不卑不亢。照样刻苦学习，因为学习中有许多足以让他快乐的东西，那就是知识。他根本没有把吃的不如人、住的不如人、穿的不如人这种表面上的苦当回事。正是宋濂能忍受穷苦，自得其乐，终成就一番事业。

成长是一个破茧而出的过程，美丽的蜕变中蕴涵着千回百折的磨砺，而正是这个不断战胜困难的过程，才使得我们攀到了新的高度。想要不再吃苦，那么你就要积极主动地去战胜苦难。严格要求自己、付出艰苦努力，是获得成功的关键。就像蜜蜂辛苦劳作，最终酿造出香甜的蜂蜜一样。在个人成长的道路上，我们取得的每一次进步都有赖于艰苦的奋斗和拼搏。

任何时候都不要说放弃

罗勃特·史蒂文森说过：“不论担子有多重，每个人都能支撑到夜晚的来临；不论工作多么辛苦，每个人都能做完一天的工作，每个人都能很甜美、很有耐心、很可爱、很纯洁地活到太阳下山，这就是生命的真谛。”是的，生命是美好的，只是每个人看待事物的心情不同罢了。很多人遇到挫折或磨难总是失去了生活的信念，轻易放弃，甘愿堕落，但是他们却不知车到山前必有路，只要自己努力去改变，希望其实就在不远处，人们所经历的一切只不过是对自己更好的磨炼罢了。

所以说，不论何时，不要轻易地说放弃，相信大家都应该明白：成功者决不放弃，放弃者绝不会成功。要想拥有自己的一片明朗的天空，靠的是自我努力，而不是自我放弃。

开学第一天，古希腊大哲学家苏格拉底对他的学生们说："今天咱们只学一件最简单而且最容易做的事。每人把胳膊尽量往前甩，然后再尽量往后甩。"说着，苏格拉底示范做了一遍。

"从今天开始，每天做30下。大家能做到吗？"学生们都笑了，大声回答道："当然能。"大家都在想：这么简单的事，有什么做不到的。

过了一个月，苏格拉底问学生们："开学时我让大家坚持做的事情，就是每天甩手30下，哪些同学坚持了？"有超过90%的同学都骄傲地举起了手。

苏格拉底微微点头。

又过了一个月，苏格拉底又问。这回，坚持下来的学生只有八成。

一年以后，苏格拉底再次问大家："请告诉我，最简单的甩手运动，还有哪几位同学坚持了？"

这时，整个教室里，只有一个人举起了手。

这个学生就是后来成为古希腊另一位大哲学家的柏拉图。

其实这只是一个简简单单的小动作，可是却极少有人能坚持下去。这个故事不是说谁甩手谁就能成功，它代表的是一种毅力，永不放弃的决心。多少人刚开始踌躇满志，在经历风雨的过程中却丧失了斗志，坚持不是一件容易的事情，可是放弃却在一念之间。如果你在历经逆境的磨炼之后，仍然能够傲然前行，就必定能成就自信的人生。

丽莎和艾文是一家大公司的职员，可是有一天公司传来消息打算裁员，在名单中，出现了丽莎和艾文的名字，按规定一个月之后她们必须离岗，当时她俩的眼眶就红了。

次日，她们来到公司，收到被辞职的消息之后两个人心里还是很不舒服的。丽莎的情绪仍然非常激动，跟谁都没有什么好声气。可是丽莎不敢找老总去发泄，只能跟主任诉冤，找同事哭诉："为什么是我？我一直尽职尽责地工作，公司这样对我真的是实在太不公平了。"

丽莎声泪俱下的样子，人们看来也是非常的心酸，可是又不知如何安慰，而丽莎也只顾着到处诉苦，以至于她的分内工作：传送文件、收发信件等都不再过问了。

丽莎其实一直以来都是一个很不错的同事，平时和大家相处得也很好。可是最近消息下来之后，丽莎活脱脱变了一个人似的，整天气愤愤的，许多人都开始有些怕和丽莎接触，躲着她，后来就有点厌烦她了。

艾文和丽莎的心态却是截然相反，在裁员名单公布之后，当天晚上艾文哭得泣不成声，但是想了一夜之后，她的心态有所转变，她觉得事情已经成了定局，不如欣然接受，她就和以往一样地干开了。由于大家都不好意思再吩咐艾文做什么，艾文便主动向大家揽活。面对大家同情和惋惜的目光，艾文表现得非常淡然，她总是一笑带过说："事情就这样了，没办法挽回还不如欣然接受，抱怨也没用，只是浪费时间和精力，与其这样还不如干好最后一个月，以后想干恐怕都没有机会了。"每天，艾文还是像之前那样勤快地打字复印，随叫随到，坚守在自己的岗位上。

一个月后，丽莎如期下岗，而艾文却被从裁员名单中删除，留了下来。领导当众传达了老总的话："艾文的岗位，谁也无可替代，艾文这样的员工。公司永远不嫌多！"

抱怨能改变什么？只不过会让身边的人反感，让自己一味地消沉。与其这样，还不如尽最大力量去改变自己，丰富自己。如果自我放弃，那么没有人能帮助我们。所以说，在我们身处逆境的时候，我们不要堕落；在我们痛苦不堪的时候，我们不要绝望；在我们迷茫彷徨的时候，我们不要丧失斗志，我们一定要一遍遍告诫自己："全世界都可以放弃我们，但是我们却不可以放弃自己。"这是对自己的鼓舞，更是对自己尊严的敬重。

尽力做好每一件小事

“天下难事，必做于易；天下大事，必做于细。”这句话出自老子《道德经·第六十三章》，意思是说天下的难事都是从容易的时候发展起来的，天下的大事都是从细小的地方一步步形成的。因此，可以看出，想要有所作为就不能小觑了小事的影响力，尽力做好每一件小事才能让自己的努力引起质的变化。

或许有些人觉得芝麻小事没什么实际意义，也不可能会影响大局，更不会升级到成就一番事业的地步。所以，他们总是好高骛远，极易在前进的路上迷失自己，被一些他们所谓的小事情绊脚。事实上，任何一件事情要想做得完美，其中都以一些小事作为基础，并起着关键作用；而任何一个问题的解决，都有一件决定性的小事起着举足轻重的作用。

陈藩生于东汉时期，从小他就是一个心怀大志的人，总是想着有朝一日成就一番事业。在他看来，自己就不是一个普通的平凡人，所以他总是给人留下心高气傲的印象。一天，他的朋友薛勤来访，见他住的屋子又脏又乱，便问他说：“你这小子，平时家里脏些也就罢了，现在你家里来客人了，你怎么也不把屋子打扫干净以显示你的待客之道啊？”陈藩答道：“我是顶天立地的男子汉，我要干的是一番大事业，我是一个心怀天下的人，这种小事我是不会做的。”薛勤当即反问道：“一间屋子你都治理不了，怎么治理天下呢？”陈藩无言以对。

很多人总是自命不凡，感觉自己是天生的战略家，觉得自己是指点江山的大人物，所以从不把所谓的小事放在眼里。可是他们却不明白能够认真做好每件小事、讲究精益求精的执行者，却是可遇而不可求的。很多伟人的成功总是离不开点滴小事的积累，他们涉猎广泛，从生活中不断学习，才在合适的契机产生质的变化，成就自己的一番伟业。因此，我们应该改掉急功近利、心浮气躁的毛病，认认真真地做好每一件小事。

浩珉和志林是大学同学，他们学习的是计算机专业，在大学毕业之后，两个人被聘到了同一家公司上班。初次走出校园的两个人感觉一切都充满着激情，决心好好努力，在工作中努力拼搏，闯出自己的一片天地，实现自己的价值。可是事情没有他们想象的那么美好，浩珉和志林都被安排做一些琐碎而单调的工作，每天早上打扫卫生，中午预订盒饭，帮同事复印资料，接收传真，等等。还没过试用期，志林感到受到了侮辱，不甘心在这里做这些没前途的工作，便辞职不干了。志林想让浩珉和自己一起走，志林说：“我们难道就在这里受他们侮辱吗？我们是大学生，怀着满心的希望与激情来这里大展拳脚，可是他们怎么对待我们的，整天把我们当做打杂的人员，实在受不了这个委屈，我要辞职离开了，去一个能让我好好发挥自己能力的地方。”可是浩珉却不这样认为，在他看来，公司这样安排肯定有其道理，做这些看似琐碎的工作能让他很快和公司的同事熟络起来，为以后的工作做准备。

这样过了两个月，有一次公司召开全体会议，在会议结束的时候，经理把浩珉叫到办公室跟他谈心，说了一些工作上的事情之后，经理问道：“浩珉，为什么当初没有和志林一起离开呢？”浩珉说：“从小母亲就告诉我，无论做什么事都不能马马虎虎，不放在心上，否则，什么事情都不可能做好。”

听到浩珉的回答，经理满意地点点头：“其实我明白，你们刚刚毕业，心高气傲，可是这正是对你们的一个考验，因为我们觉得一个脚踏实地工作的人是必须要懂得做好基本的事情，如果连最基本的事情都做不好，更不可能把大事做好了。恭喜你！通过了公司的考察。”

第二天，公司正式安排浩珉去做一些有关计算机方面的工作。

可是志林呢？一直流连于各大招聘会，因为没有任何一家公司会把重要的任务交给新来的员工，都会有一个考察的过程，很可惜，志林没有通过考察，他总认为自己是做大事情的人，每次工作不到一个月就离职。

如果小事你都做不好，那还怎么开口说自己是做大事的人？万事的成功都需要良好的基础，就像是盖高楼一般，没有那一砖一石的积累，哪来的一座座高耸入云的摩天大厦？总之，把每一件简单的小事做好是成就大事的基础，要想在工作中取得优异的成绩，就需要沉下心来，用心做好每一件小事，不能抱有敷衍了事、挑三拣四的态度。

第05章

心有多强大，人生就会有多大的舞台

心有多大，世界就有多大，如果一个人的内心足够强大，那么很多问题在他面前都会不攻自破。很多时候我们可能会把自己的不如意归结到外界环境，其实能够打败你的，往往是你自己。一个能够做好自己的人才是一个更成功的人，他不会杞人忧天，而是懂得把握好当下的幸福；他不会被诱惑缠绕，而是懂得秉持自己的原则；他不会为琐事而忧心忡忡，而是懂得用气度来包容……拥有这样强大的内心，这就是成功的缘由。

放眼未来，你的世界更宽广

世界到底有多大？不同的人眼里有着不同的答案，因为每个人的心怀是不一样的。心是什么？是理想、追求、抱负、胸襟、视野和境界。有一等胸襟者，才能成就一等大业；有大境界者，才能建立丰功伟业。当心变大时，我们就多了一对眼睛、一双手、一副耳朵。不管我们能不能做出一番大事业，我们都不要丢了自己的那颗拥有大境界的心，就算是平凡的小事，相信我们也能用心去做到更好。心有多大，舞台就有多大，放眼未来，我们的世界将会更加宽广。

《庄子》中的《逍遥游》讲过这样一个故事：

北方有一个大海，海中有一条叫作鲲的大鱼，宽几千里，没有人知道它有多长。它变成鸟，叫作鹏，它的背像泰山，翅膀像天边的云，飞起来，乘风直上九万里的高空，超绝云气，背负青天，飞往南海。

蝉和斑鸠讥笑它说：“我们愿意飞的时候就飞，碰到松树、檀树就停在上边；有时力气不够，飞不到树上，就落在地上，何必要高飞九万里，又何必飞到那遥远的南海呢？”

正所谓“燕雀安知鸿鹄之志哉”，那些蝉和斑鸠的眼光如此短浅，它们又能看到什么呢？所以说它们根本理解不了大鹏的志向和眼光。心有多大，世界才有多大，如果你没有强大的心灵，没有坚定的信念，没有远大的志向，那么你看到的天地真的是极为狭窄的。想要成为大鹏一样的人，必定要比常人忍受更多的艰难曲折，忍受心灵上的寂寞与孤独。这样经过岁月的洗礼，他们定会把自己的心灵锻炼的更为强大，把自己的视野开拓得更为长远，那么他们眼下的世界将会比他人更大，更精彩。

李斯是秦朝的丞相，辅佐秦始皇统一并管理中国，立下汗马功劳。可少有人知，李斯年轻时只是一名小小的粮仓管理员，他的立志发奋，竟然是因为一次上厕所的经历。

那时李斯26岁，是楚国上蔡郡府里的一个看守粮仓的小文书。他的工作是负责仓内存粮进出的登记，将一笔笔斗进升出的粮食进出情况记录清楚。

日子就这么一天天过着，李斯不能说完全浑浑噩噩，但也没觉得这有什么不对。直到有一天，李斯到粮仓外的一个厕所解手，这样一件极其平常的小事竟改变了李斯的人生态度。李斯进了厕所，尚未解手，却惊动了厕所内的一群老鼠。这群在厕所内安身的老鼠，瘦小枯干探头缩爪，且毛色灰暗，身上又脏又臭，让人恶心至极。

李斯看见这些老鼠，忽然想起了自己管理的粮仓中的老鼠。那些家伙，一个个吃得脑满肠肥，皮毛油亮，整日在粮仓中大快朵颐，逍遥自在。与眼前厕所中这些老鼠相比，真是天上地下啊！人生如鼠，不在粮仓就在厕，位置不同，命运也就不同。自己在上蔡城里这个小小的仓库中做了8年小文书，从未出去看过外面的世界，不就如同这些厕所中的小老鼠一样吗？整日在这里挣扎，却全然不知有粮仓这样的天堂。

李斯决定换一种活法，第二天他就离开了这个小城，去投奔一代儒学大师荀况，开始了寻找“粮仓”之路。二十多年后，他把家安在了秦都咸阳的丞相府中。

我们可以平凡，但是我们要拒绝平庸，如果甘心做一只井底之蛙，那么真的是一件非常悲哀的事情。你眼下的世界有多大，全在于你的心有多大，心看得越远，你走的路也会越长。李斯的成功正是因为他从生活中受到启发，及时走出了自己的小天地，不断放眼未来，从此才有了自己大展宏图的机会。

一个人的心有多大，舞台就会有多大。进取心和想象力是成功的起点，也是最重要的心理资源。目光高远，不抱怨，不随意发牢骚，时刻想着提高和进步，是成功者最重要的习惯。请记住红顶商人胡雪岩说过的这一句话：“做事一定要看大局，你的眼光看得到一省，就能做下一省的生意；看得到一国，就能做下一国的生意；看得到国外，就能做下国外的生意；看得到天下，就能做天下的生意。”

何必较真，与人置气

印度诗人泰戈尔曾说："不让自己快乐起来是人最大的罪过。"生气就是跟自己过不去，面对他人的攻击，能够保持镇定的人，才是生活的智者。所以说，不要为别人犯下的错误而烦恼，细想一下，一些事物办砸了可能就无法挽回，你只能吃一堑，长一智，如果为此天天寝食难安，乃至忧虑和烦恼缠身，就不值得了。假如他人能够诚心改过，那么我们应该试着用宽容的心去接纳，因为人无完人，很多不触及底线的事情我们可以选择原谅，这不仅是对他人的宽恕，也是对自己心灵的一种释放。

古希腊神话中，有一个关于仇恨袋的故事。

赫格利斯是一个威风凛凛的大力士，所向披靡、无人能敌，人们听到他的名字都会觉得心惊胆战。所以，春风得意的赫格利斯踌躇满志，他一直宣称自己今生最大的遗憾就是没有对手。

一天，赫格利斯走在一条狭窄的山路上。突然，一个什么东西把他绊了一个趔趄，险些让他摔倒在地上。赫格利斯很生气，走上前定眼一瞧，原来脚下躺着一只袋囊，他猛命地踢一脚来泄愤，但是那只袋囊不但纹丝不动，反而气鼓鼓地膨胀起来。

赫格利斯看到袋囊涨起的样子，像是在向他宣战，于是更加愤怒了，他挥起拳头又朝袋囊狠狠地一击。但是，袋囊依然一动没动，只是再次迅速地膨大着。

赫格利斯暴跳如雷，他拾取一根木棒朝袋囊砸个不停，但他越用力，袋囊就像故意向他示威似地越胀越大，最后把整个山道堵得严严实实。气急败坏却又无可奈何的赫格利斯累得躺在地上，气喘吁吁。

这时，一位智者走过来，他早已经在旁边观察赫格利斯很久了，见倒在地上的赫格利斯问："你为什么这样呢？"

赫格利斯懊恼地说："这个东西真可恶，存心跟我过不去，把我的路都给堵死了。"

智者淡淡一笑，平静地说："朋友，这个袋囊叫'仇恨袋'。如果你不理会它，或者干脆绕开它，它就不会跟你过不去了。假如你越生气，它就会越胀越大，所以才会把你的路堵死了！"

赫格利斯越是生气，就越是与"仇恨袋"过不去，结果终究还是把自己的路堵得死死的。本来可以一笑置之地走过，可他却没有这么做，想想又是何必这么较真呢？其实，生活中很多人总是遇事"小心眼儿"，活得过于认真，因此就非常容易被他人的一点过失惹恼，其实想想这又何必呢？人是群居动物，难免遇到很多磕磕绊绊，如果事事置气，那自己早晚不就被气死了吗？所以说，别拿别人的错误惩罚自己，心宽一点，容纳的多一点，那么你的心情自然就会好很多。

李杨刚刚走出校门参加工作，刚刚踏入公司的他因为是新人的缘故老是受一些委屈。比如说那些老员工总是给他安排一些琐碎的事情，还有的同事总是排挤他，遇到问题就对他恶言相向，他也总是被推到最前面来承担责任……对此，李杨感到非常生气，也非常难过，但又不知如何摆脱。

在这样的情况下，他就找一位比较有阅历的长辈诉说。长辈听了李杨的报怨后，十分平静地问道："你的家中偶尔也会有客人或者很要好的朋友到访吧？"

"那是当然的，为什么问这个呢？"李杨回答道。

"当家里来客人的时候，你会不会好好地招待他们呢？"长辈就接着问。

"当然会了。"李杨说。

"如果当你为他们准备好菜肴的时候，可是客人们没有留下来，那么这一桌菜肴应该归谁呢？"长辈问道。

"如果这样的话，那只能我自已去吃了呀！"李杨这样回答。

长辈顿时笑了笑，看着他，说道："是的，李杨你应该明白，你们公司的同事对你不满意，或者是与你作对的时候，如果你不放在心里，不去接受这一切，那么，那些斥责还是属于他们的。"

最终，长辈又以平静的语气对李杨说道："如果他人对你传达了一些不良的情绪，很恼怒地对待你，如果你以牙还牙，这其实并不是什么明智之举，只会让矛盾更加严重。可是不反击你又难过，那么你应该怎么做呢？当面对他人愤怒的时候，你要以正念镇定自己，这样不但能战胜自己，也能战胜他人。”

听罢这话，李杨顿时领悟了。回到公司之后，李杨对别人的苛责总是以微笑应对，最终感化了其他的同事，成为部门最受欢迎的人，不久之后，就升了职。

你改变不了别人，那就改变自己，开阔自己的心胸，不再让一些琐事扰乱自己的生活。保持一种平和的心态对于为人处世有着很大的意义，它会为你营造一种更为和谐的氛围，也会让自己变得更加坦然、优秀。

总之，你不要对别人要求过高，否则就会因内心得不到满足而过于烦恼，也不能对别人“全盘否定”，因为“人无完人”，想一下，如果过于计较个人的得失，你就会经常陷入焦躁不安之中，心绪不能平静，起起伏伏，最后忧郁难过的还是自己。

不要在诱惑面前止步

唐代伟大的文学家柳宗元曾写过一篇名为《蝜蝂传》的散文。文章内容如下：

蝜蝂是一种擅长背东西的小虫。爬行时遇到东西，总是抓取过来，抬起头背着这些东西。东西越背越重，即使非常困难也不停止。它的背很粗糙，因而东西堆上去不会散落，终于被压倒爬不起来。有的人可怜它，替它去掉背上的东西。可是蝜蝂如果能爬行，又把东西像原先一样抓取过来背上。这种小虫又喜欢往高处爬，用尽了它的力气也不肯停下来，最后导致跌下摔死在地上。蝜蝂抵挡不住事物的诱惑，总是想贪婪地拥有一切，由于背上的东西越来越多，越来越重，终于丢掉了性命。

当你无法抵制一些诱惑的时候，你就想贪婪地去拥有这一切，那么你背负的东西就会越重，久而久之，你就会被贪婪压制得无法呼吸。我们每个人的生命中总是会遇到各种各样的陷阱，如果你在那些诱惑面前无法止步，那么你就会无法收住自己贪婪的心，终究会毁了自己。所以说，保持理智对一个人来说极为重要。

1960年，美国心理学家米卡尔曾做过一个“果汁软糖”试验：实验者将一群4岁的孩子留在房间，发给他们每人一颗软糖，然后告诉他们：“我有事要出去一会儿，你们可以马上吃掉软糖，但如果谁能坚持到我回来的时候再吃，就能够再得到一块软糖。”

有些孩子比较冲动，实验者走后就迫不及待地吃掉了糖果。有些孩子能够等到实验者回来，尽管等待的时间非常漫长。这些孩子用尽各种方法让自己撑下去：有的闭上眼睛，避免看见十分诱人的糖果；有的将脑袋埋入手臂之中，自言自语、唱歌、玩弄自己的手脚，甚至让自己努力睡着。20分钟以后，实验者回到房间，坚持到最后的孩子又得到一块软糖。实验后，研究者进行了长达14年的追踪调查。

结果发现，两种孩子在情绪与社会性方面的差异表现得非常显著。自制力强的孩子社会适应能力较强，较为自信，人际关系较好，也较能面对挫折。在压力面前，不易崩溃、退却、紧张或乱了方寸，能够积极迎接挑战，不轻言放弃。在追求目标时，也能和面对糖果时一样压抑立即得到满足的冲动。冲动型的孩子却约有三分之一缺乏这种特质，并且表现出一些负面特征，例如，怯于与人接触，固执而优柔寡断，容易因挫折而丧失斗志，认为自己是坏孩子，遇到压力容易退缩或者惊慌失措，容易怀疑别人以及对别人感到不满，容易嫉妒或羡慕别人，因易怒常与人争斗，而且和小时候一样，不易压制立即得到满足的冲动。

研究者在这些孩子中学毕业时又进行了一次评估，结果发现当时能够耐心等待的孩子在校表现更为优异。这些孩子学习能力较好，无论是语言表达、逻辑推理、专注、制订并实践计划、学习动机都比较好。

而且，这些孩子的入学考试成绩普遍较高，耐心等待的孩子比迫不及待取走糖果的孩子的平均成绩多出200多分。

有人说“也许当自制力从你的心中崛起时，你将远离往日的欢乐；但请你相信，自制力是事业成功的必要条件”。由此可以看出，如果想要成功，就不能只做自己想做的事情，而要做自己应该做的事情。因为，把眼光放得长远来看，那短时间的不快乐却是你成功的积淀，可以说更是一个人成长道路上不可缺少的因素。

做好当下的每一件事

俗话说："走过路过，不要错过。"因为不经意间，我们可能就错过了一些生命中很重要的人和事。不是我们不明白，而是我们太犹豫，或者不懂得珍惜当下，没有抓住机会。很多人为失去的过往而暗自叹息，殊不知当下也在悄悄流逝；很多人总是一味地规划未来，当下的事情却做得一塌糊涂。日休禅师曾经说过：人生只有三天——昨天，今天和明天。活在昨天的人迷惑，活在明天的人等待，只有活在今天的人最踏实。是啊，如今的我们应该珍惜今天的生活，不要荒废了自己的人生，过好每一天，做好每一件事，把握好每一次机遇，这样不管未来如何，你都能无怨无悔。

有个小和尚，每天早上负责打扫寺院里的落叶。

清晨起床扫落叶实在是一件苦差事，尤其在秋冬之际，每一次起风时，树叶总随风飞舞。每天早上都需要花费许多时间才能清扫完树叶，这让小和尚头痛不已。他一直想要找个好办法让自己轻松些。

后来有个和尚跟他说："你在明天打扫之前先用力摇树，

把落叶统统摇下来，后天就可以不用扫落叶了。”小和尚觉得这是个好办法，于是隔天他起了个大早，使劲地猛摇树，认为这样他就可以把今天跟明天的落叶一次扫干净了。一整天小和尚都非常开心。

第二天。小和尚到院子里一看，他不禁傻眼了。院子里如往日一样满地落叶。

老和尚走了过来，对小和尚说：“傻孩子，无论你今天怎么用力摇，明天的落叶还是会飘下来。”小和尚终于明白了，世上有很多事是无法提前完成的，唯有认真地做好当下的事，才是最真实的人生态度。

你能知道明天是怎样的吗？你能预知到明天的故事吗？这些都是一些未知的事情。明天是成功，还是落魄？同样没人能说清。也有一部分人，沉溺于对未来的美好幻想中，把未来想得很美好。但当未来真正到来的时候，才发现一切并没有自己想象中的那么美好。这是生活在明天的人。

陈小莫大学毕业后，被分配到一家电影制片厂担任助理影片剪辑。这是小莫的一个新的起点，她相信自己从此将在影视界崭露头角。可是过去了没几个月的时间，她却离开了这个岗位，辞职了。

陈小莫认为自己这样做的理由很充分：自己是一个名牌大学的毕业生，接受这么多年的教育，可是现如今在电影制片厂做的都是什么工作？自己就像是一个打杂的似的，把宝贵的时间耗费在贴标签、编号、跑腿、保持影片整洁等琐事上面，小莫觉得自己心里实在是接受不了，感觉自己一点发挥的机会都没有，像是被骗了似的，更有一种对不起自己的感觉。

几年后，当陈小莫看到电视上打出的演职员表名单时，发现以前的同事有的现在已经成为导演，有的已经成为制作人。看到大家如今的成就，此时此刻的小莫心里万般滋味无法言表。

陈小莫原来并未看到平凡岗位也具有不平凡的意义，所以她的辞职行为，使自己关闭了在影视界闯出一番事业的大门。小莫只是想着自己很快能够做出轰轰烈烈的事业，可是殊不知美好的明天是靠今天不断努力挣来的，不想做好当下的每一件事情，总是奢望未来如何如何，结果只会输掉未来，原因是败在了当下。如果她当时对自己在影视界的远景能进行一次清醒的前瞻，制定一个明确的目标，那么最初当影片剪辑和打杂的那段时间，至多只能算是预先付出的一点小小的代价而已。

昨天已逝，明日未临，其实我们能抓住的、能把握的，不过就是今天，就是现在。所以，活在当下，把握住现在，做好现在的每一件事，我们才不会在明天后悔，我们才能离成功更近。

大气度决定人生高度

西方谚语有云：“上帝给每人一只杯子，你从里面饮入生活。”一样的生命，一样的童年，一样的成长，可仅仅因为每个人的气度不同，人生就会大相径庭。你想要怎样的结果，其实决定权不在上帝的杯子，而在你的手中。气度决定了人生的高度，一个有气度的人才会有所成就，否则他未来的成就势必会受到局限。如今的社会可以说是充满着各种各样的挑战，我们在不断地用物质、知识、金钱丰富着自己，但同时我们也不要丢弃了那些“内在”的东西，比如，一个人的心胸、气质、品格、修养等。

在春秋时期，公子纠和公子小白曾为了争夺王位而站在对立的位置。管仲和鲍叔牙虽然都是有才之士，但站在不同的利益集团各事其主。管仲在公子纠旗下，而鲍叔牙在公子小白的阵营之中。

在双方交战的时候，管仲一箭射中公子小白身上的铜制衣带钩，险些要了公子小白的性命。不久之后，战争结束，公子小白获胜，成为了历史有名的齐桓公。公子小白即位后，鲍叔牙因为辅佐有功，小白有意任命他为相国。然而鲍叔牙认为曾经和他们敌对的管仲比自己更合适，虽然曾经是敌人，但是却是一个可用之才。想到国家社稷，鲍叔牙力荐管仲。

鲍叔牙心胸宽广，如实对齐桓公说：“虽然我辅佐您登基，但是管仲比我更适合担任相国这个重要的职位。因为他在很多方面都比我强。他能够收拢民心，做到安民，我做不到。他对治理国家也比我有见地，能够保证国家的利益。他能够制定礼仪，我做不来，战争的时候，他能够鼓励引导人们，而且还能指挥战争，我也不如他。所以他比我更适合做相国。”齐桓公也是一位心胸宽广之人，考虑过后他觉得鲍叔牙说得有道理，便让管仲做了相国，完全不去计较曾经的一箭之仇。因为齐桓公和鲍叔牙的爱才，管仲也尽心尽力辅佐，最终助齐桓公成就伟业，使得当时齐国的实力强盛一时。

这个故事相信很多人都听过，不论是齐桓公还是管仲、鲍叔牙，他们都有着让人敬佩的大气度。试想一下，如果他们都斤斤计较当时的矛盾，那么历史上或许就没有这段贤君名士的佳话了。气度决定人生的高度，气度左右一个人的格局，所以说，做人做事一定要有着宽广的胸怀，保持大气度。

关于这方面，李开复曾讲过一个发生在林肯身上的小故事。

1860年，林肯当选为美国总统。跟他同时参加选举的还有萨蒙·蔡思，蔡思被大家认为是一个狂态十足、极其自大而且妒忌心极重的家伙。他对权力有一种近似狂热的渴望，狂热地追求最高，没能得到总统的职位后，只好退而求其次，想当国务卿。

对于蔡思要当国务卿的事情，有很多人反对，认为这个疯狂的权力追求者不适合进内阁。但林肯不这么认为，他觉得这个家伙很有能力，尤其是在财政预算与宏观调控方面，很有一套。最后，林肯任命他做了财政部长，并一直十分器重他，尽量减少与他的冲突。

面对林肯的大度，蔡思却是另一番表现，他并不领林肯的情，而是依然为谋求总统的位置而四处活动。不过，林肯并不在意这件事。很多人对林肯的做法表示不解，其中一个记者还当面问到了这件事，林肯没有直接回答，而是讲了一个关于马蝇的小故事。

讲完这个故事后，林肯意味深长地说："如今，正好有一只名叫'总统欲'的马蝇，落在了蔡思先生的身上，'叮'着他，促使他前进，我暂时还不想打落它。"记者听了林肯的话不仅为他的气度所折服，同时，更是为他的智慧而倾倒。

一个人想要取得伟大的成就，必须培养自己广阔的胸襟、恢弘的气度；一个人想要在生活中成为一个豁达的人，也要注意气度的修养，能够对不如意的事情一笑置之。

人之心有多大？要看你的气度、胸怀、胆识与心智。气量大，天地给你的舞台就大，赋予你的担责就重；气量小，甚至会连妻儿老小都容不下，就很可能变成孤家寡人了。

第06章

在心中点一盏灯，让生活每天都有阳光

你无法左右天气的变化，但是你可以左右自己的心情，因为一个人的情绪和心态是靠自己来调控的。如果一个人能够拥有一颗充满着正能量的心，那么这个人的每一天都是崭新而多彩的。朋友们，我们要努力做一个“向日葵”一样的人，让我们的内心充满阳光，那么即便是面对艰难困苦，我们也能够从容面对。

充满正能量，快乐随身而行

1809年，他出生在荒野上的一座孤独的小木屋里。1816年，他才7岁，他的全家被赶出居住地。他们一家人经过长途跋涉，穿过茫茫荒野，找到一个窝棚。

1818年，他9岁，他年仅34岁的母亲不幸去世。

1826年，他17岁，他已经什么农活都能干了，经常帮人打零工。

1827年，他18岁，他自己制作了一艘摆渡船。

1831年，他22岁，他经商失败了。

1832年，他23岁，他竞选州议员，但落选了。他还想进法学院学法律，但进不去。

1833年，他24岁，他向朋友借钱经商，年底就破产了。接下来他花了16年才把这笔债还清。

1834年，他25岁，他再次竞选州议员，竟然赢了。

1835年，他26岁，在订婚后即将结婚时，未婚妻死了，他因此心也碎了。

1836年，他27岁，他的精神完全崩溃，卧病在床6个月。

1838年。他29岁，他努力争取成为州议员的发言人，但没有成功。

1840年，他31岁，他争取成为被选举人，落选了。

1843年，他34岁，他参加国会大选，又落选了。

1846年，他37岁，他再次参加国会大选，这次当选了。

1848年，他39岁，他寻求国会议员连任，失败了。

1849年，他40岁，他想在自己的州内担任土地局长，被拒绝了。

1854年，他45岁，他竞选参议员，落选了。

1856年，他47岁，他在共和党的全国代表大会上争取副总统的提名，得票不到100张。

1858年，他49岁，他再度参选参议员，再度落选。

1860年，他51岁，当选为美国总统。

相信这一串的时间和这时间后面的故事让大家震撼、敬佩，这个人就是林肯，一个备受爱戴的美国总统。在他不算太长的一生当中，挫折和打击总是伴随着他，但他的乐观与幽默打动了无数人。他的故事让人们明白了什么是正能量，那是一种健康向上的精神、积极乐观的态度。当下，人们已经为所有积极的、健康的、催人奋进的、给人力量的、充满希望的人和事，贴上“正能量”标签。无论是学习、生活、还是工作中，我们都要记得多一点微笑、多一点乐观，时刻充满着正能量，让快乐随身而行。

刘阳阳毕业于一所不错的大学，专攻文学，走上工作岗位已经三年了。三年前，刘阳阳在上海的时候，她通过网络看到一则招聘信息，正好是她感兴趣的文案策划工作。于是刘阳阳就填写好自己的简历，按照上面提供的联系方式，把自己的简历投递到该公司的邮箱里。随后刘阳阳开始上网找到该公司的网站，详细了解了该公司的信息。几天之后，刘阳阳意外地接到了该公司的电话，要她在周一的早上到公司参加面试。

面试成功后，刘阳阳成了这家公司的一名正式员工。工作中的一次偶然机会，刘阳阳问部门经理吴姐："在那么多参加应聘的求职者中，吴姐为什么会选择我呢？"

此时吴姐的回答有些出乎刘阳阳的意料："是你的微笑感染了我，通过微笑，我看到你有一种其他求职者不具备的自信。"

原来是这样，刘阳阳起初还以为是自己的高学历和突出的表现让自己能够成功留在公司呢！

工作后，刘阳阳总是尽最大努力保质、保量地完成吴姐交给她的任务，还常常加班加点地熟悉公司的业务。有一次，吴姐让刘阳阳做一个策划，由于刘阳阳对专业已经非常了解，再加上她自身的文学功底本来就十分了得，所以，阳阳只花几个小时的时间就完成了任务，还得到了上面领导的赞赏。平时上班的时候，刘阳阳总是一脸的微笑，不论对任何人她都能用微笑来连接彼此的感情，很短的时间阳阳就和公司里的人成为了好朋友。此外在工作上刘阳阳也是非常上进，有责任感，平日遇到不懂的知识她不仅虚心请教前辈，私下里也是不断学习充实自己。阳阳有着良好的心态，遇到困难也从不退缩，在她看来，只要相信自己，努力学习，就没有过不去的坎儿。积极的心态让阳阳的每一天都充满着欢乐，同时也为大家带来了很多正能量。于是在进入公司不到一个月，刘阳阳就结束了试用期，又过了一段时间，公司鉴于她良好的表现决定为她加薪升职。

刘阳阳的身上很好地体现了什么是正能量，一个充满着正能量的人不仅自己是幸福的，同时他也会为周边的人带来欢乐和力量。我们应该学习阳阳的这种精神，做一个充满正能量的人，一个积极乐观的人，一个时刻保持微笑的人。

总之，一个人内心是否充满正能量可以决定一个人的成长高度，干任何工作，干任何事情，都是如此。一个人的内心如何决定了他能否把这件工作、这件事情做得更完善、更完美。同时，也决定着一个人能否走上更高的职位。

心情的好坏靠自己来掌控

你无法选择天气的好坏，但是你可以选择心情的好坏。叔本华说：“人们不受事物影响，却受到对事物看法的影响。”世上没有糟糕的事情，只有糟糕的心情。朋友们，好的心情是靠自己来掌控的，以什么样的精神状态来生活，关键是看你怎么选择。

凯文是一个公司的部门经理，在生活里他是一个非常乐观向上的人。当有人问他近况如何时，他总是回答：“我非常非常的快乐。”如果哪位朋友心情不好，他就会告诉对方怎么去看事物好的一面。他说：“清晨，当我醒来的那一刻我都会用一个幸福的微笑来面对一天的生活。我告诉自己，今天是新的一天，我可以开开心心地度过，也可以垂头丧气地度过，全凭自己的心，那我为什么不选择快乐呢？每次有坏事情发生，我可以选择成为一个受害者，也可以选择从中学些东西，我选择后者。人生就是选择，你要学会选择如何去面对各种处境。归根结底，即自己选择如何面对人生。”

有一次，凯文被三个劫匪拦截了，在争执的过程中不小心被持枪的劫匪击中。当时比较庆幸的是及时被人送进医院抢救。经过十几个小时的抢救和几个星期的精心治疗，凯文出院了，只是仍有小部分弹片留在他体内。

过去了一段时间之后，凯文的好友玛丽见到了他，当玛丽询问凯文最近一段时间过得如何的时候，凯文还是那句话：“我非常非常的快乐。”紧接着，凯文就问玛丽：“想不想看看我身上的疤痕？”玛丽看了他身上的那道疤痕，然后问当时他想了些什么。凯文答道：“那一刻在我大脑里只闪现出两个想法，要么就是悲观地死去，要么就是坚强地活下去，当然我怎么可能放弃我的生命呢？医护人员都很好，他们告诉我，我会好的。但在他们把我推进急诊室后，我从他们的眼神中读到了‘他是个死人’。我知道我需要采取一些行动。”

“你采取了什么行动？”玛丽问。

凯文说：“当时那位医生问我对什么东西过敏。我马上答‘有的’。这时，所有的医生、护士都停下来等我说下去。我深深吸了一口气，然后大声吼道：‘子弹！’在一片大笑声中，我又说道：‘请把我当活人来医，而不是死人。’”

就这样凯文活下来了。

其实就是这个道理，心情的好坏对人的身体有着很大的影响，有时候还会关系到你的生命。所以说，开心是一天，不开心也是一天，为何不选择天天开心呢？不管生活怎样，我们还是要勇敢、坚强地微笑生活。

斯蒂芬·威廉·霍金，是当今享有国际盛誉的伟人之一，被称为在世的最伟大的科学家，还被称为“宇宙之王”。然而，正是这位被称为世界科学巨匠的人，却是一位依靠轮椅生活了三十余年的高位瘫痪的残疾人。

一次，霍金做学术报告的结尾时，一位年轻的女记者突然跃上讲坛，充满悲悯和同情地问他：“霍金先生，你永远固定在轮椅上，不认为命运让你失去太多了吗？”女记者的这一具有相当重量性的问题让报告厅的人声鼎沸瞬间变成了鸦雀无声。

然而，霍金的脸上却依然充满恬静的微笑，他用还能活动的手指，艰难地敲击键盘，于是，随着合成器发出的标准伦敦音，宽大的投影屏上缓慢却醒目地显示出如下一段文字：“我的手指还能活动；我的大脑还能思维；我有终生追求的理想；有我爱和爱我的亲人和朋友；对了，我还有一颗感恩的心……”

当霍金打出了这些字后，不仅是刚刚问话的女记者，包括现场所有的人都热泪盈眶，发出了潮涌般的热烈掌声！

是的，我们左右不了命运，但是我们可以改变自己的心态，我们可以让自己人生变得更加多彩。如果一个人，对生活抱一种达观的态度，就不会稍有不如意便自怨自艾。大部分终日苦恼的人，实际上并不是遭受了多大的不幸，而是自己的内心素质存在着某种缺陷，对生活的认识存在偏差。事实上，生活中有很多坚强的人，即使遭受不幸，他们在精神上也会岿然不动。

做一棵美丽的向阳花

想起向阳花，我想任何人的脑海中一定会浮现出盛夏的浓绿和那金黄明丽交织的美。向阳花的美在于追随阳光，幸福绽放。我们要做一棵美丽的向阳花，追随阳光，保持阳光般的心态。因为，只有拥有阳光心态，我们才能够体会生命在辉煌时候的壮丽，才能让自己充满能量，让家庭充满温馨，获得健康人生。

不同的人有着不同的心态，所以对待同一件事物也会表现出不同的感受。悲观的人总是看到事情不好的一面，乐观的人即便身处逆境，也能保持阳光般的心态。正所谓“相由心生”，只要我们用阳光般的心态对待生活，我们的脸上就会绽放出最美的笑容。

普希金的《假如生活欺骗了你》就是一首充满阳光心态的小诗：

假如生活欺骗了你，

不要悲伤，不要心急！

忧郁的日子里需要镇静；

相信吧，快乐的日子将会来临！

心儿永远向往着未来；

现在却常是忧郁。

一切都是瞬息，一切都将会过去；

而那过去了的，就会成为亲切的怀恋。

朋友们，一切苦难将会过去，只要我们用阳光的心去面对，快乐的日子终将会来临的。鲁滨孙太太这样描述她的经历：

美国庆祝陆军在北非获胜的那一天，我接到国防部送来的一封电报，我的侄儿——我最爱的一个人在战场上失踪了。过了不久，又来了一封电报，说他已经死了。

我悲伤得无以复加。在那件事发生以前，我一直觉得生命非常美好，我有一份自己喜欢的工作，并努力带大了侄儿。在我看来，他代表着美好的一切。我觉得我以前的努力，现在都有很好的收获……然而，收到了这封电报，我的整个世界都破碎了，我觉得再也没有什么理由值得我活下去。我开始忽视自己的工作，忽视朋友，我抛开了一切，既冷淡又怨恨。为什么我最疼爱的侄儿会离我而去？为什么一个这么好的孩子，还没有真正开始他的生活，就死在战场上？我没有办法接受这个事实。我悲痛欲绝，决定放弃工作，离开我的家乡，把自己藏在眼泪和悲痛之中。

就在我清理桌子、准备辞职的时候，突然看到一封我已经忘了的信，是几年前我母亲去世的时候，我的侄儿给我写来的一封信。“当然我们都会想念她的，”那封信上说，“尤其是你。不过我知道你会撑过去的，以你个人对人生的看法，就能让你撑过去。我永远也不会忘记那些你教我的美丽的真理：不论活在哪里，不论我们分离得多么远，我永远都会记得你教我要微笑，要像一个男子汉一样承受所发生的一切。”

我把那封信读了一遍又一遍，觉得他似乎就在我的身边，正在对我说话。他好像在对我说：“你为什么不照着你教给我的办法去做呢？撑下去，不论发生什么事情，把你个人的悲伤藏在微笑底下，继续过下去。”

于是，我重新开始工作。我不再对人冷淡无礼。我一再对自己说：“事情到了这个地步，我没有能力改变它，不过我能够像他所希望的那样继续活下去。”我把所有的思想和精力都用在工作上，我写信给前方的士兵——别人的儿子们。晚上，我参加成人教育班，寻找新的兴趣，结交新的朋友。朋友们都不敢相信发生在我身上的种种变化。我不再为已经永远过去的那些事悲伤，我现在每天的生活都充满了快乐，就像我侄儿要我做到的那样。

生活是喜怒哀乐之事的总和，这点我们必须清楚，不顺心、不如意，是人生不可避免的一部分，这些都不是我们个人的力量所能左右的。所以说，我们要像向阳花一样追随着阳光，不管怎么样我们都记得用一种乐观向上的心态对待前方的风风雨雨，而当这种态度占据一个人的心灵后，他就拥有了阳光心态。

遇事淡然，从容不迫

有一天某个农夫的一头驴子，不小心掉进一口枯井里，农夫绞尽脑汁想尽办法想救出驴子，但几个小时过去了，驴子还在井里痛苦地哀嚎着。最后，这位农夫决定放弃，他想这头驴子年纪大了，不值得大费周章去把它救出来，不过无论如何，这口井还是得填起来，以免它以后再来害人。

于是农夫便请来左邻右舍帮忙一起将井中的驴子埋了，不让它继续痛苦下去。农夫的邻居们人手一把铲子，开始将泥土铲进枯井中。当这头驴子了解到自己的处境时，刚开始嚎叫得很凄惨。但出人意料的是，一会儿之后这头驴子就安静下来了。农夫好奇地探头往井底一看，出现在眼前的景象令他大吃一惊：当铲进井里的泥土落在驴子的背部时，驴子的反应令人称奇——它将泥土抖落在一旁，然后站到铲进的泥土堆上面！

就这样，驴子将大家铲到它身上的泥土全数抖落在井底，然后再站上去。很快地，这只驴子便轻松地上升到井口，然后在众人惊讶的表情中快步地跑开了！

相信这个寓言故事会给大家带来很大的启发，在困境面前我们可以选择放弃自己，也可以选择迎难而上，坦然面对。在故事中本来看似要活埋驴子的举动，实际上却帮助了它，这也是改变命运的要素之一。如果我们以肯定、沉着稳重的态度面对困境，转机往往就潜藏在困境中。

小泽征尔曾经只是日本一个名不见经传的小人物，而后来成为足以征服世界的国际音乐家、著名指挥家。他之所以能够在全球范围内有如此地位，是基于小泽征尔在法国贝桑松音乐节的国际指挥比赛上的出色表现。

为了向世人证明自己的才华，小泽征尔决定参加贝桑松的音乐比赛，并充满信心地来到欧洲。但到当地后，立刻就有一个难关在等着他。

原来，在小泽征尔到达欧洲之后，首先得办理参加音乐比赛的手续。而他的证件竟然不齐全，音乐节执行委员会不能给予他参赛资格，也就是说他将无法参加期待已久的音乐节了！绝大多数的音乐家在遇到这种状况时，通常是就此放弃。但小泽征尔却不同，他不但没有打算放弃，而是平静地接受了这个事实，然后积极地想办法。

首先，他来到日本大使馆，说明整件事的原委，然后要求大使馆提供协助，但日本大使馆无法解决这个问题。正在束手无策之际，他突然想起朋友曾经跟他说过："美国大使馆有音乐部，凡是喜欢音乐的人，都可以参加。"

于是，他立刻赶到美国大使馆。这里的负责人卡莎夫人过去曾在纽约的某音乐团担任小提琴手。在接到小泽征尔的诉求之后，卡莎夫人面有难色地表示："虽然我也是音乐家出身，但美国大使馆不得越权干预音乐节的问题。"一切看来似乎已经无法通融，但在小泽征尔不停地恳求下，原本表情僵硬的卡莎夫人的脸上逐渐浮现出笑容。

思考了一会儿，卡莎夫人问了小泽征尔一个问题："你是个优秀的音乐家吗？还是个不怎么优秀的音乐家？"

小泽征尔坚定地回答："当然，我自认为是个优秀的音乐家，我是说将来可能。"他这几句充满自信的话，让卡莎夫人的手立刻伸向电话。她联络了贝桑松国际音乐节的执行委员会，拜托他们让小泽征尔参加音乐比赛。结果，执行委员会回答，两周后作最后决定，请他们等候答复。

此时，小泽征尔心中升起了一丝希望。两个星期后，他收到美国大使馆的答复，告知他已被获准参加音乐比赛。在自己不懈的努力下，他终于取得了正式参加贝桑松国际音乐指挥比赛的资格！在后来的比赛中，他很顺利地通过了第一次预选，进入决赛阶段。此时，他在自己心中暗暗地鼓励自己：“好吧！既然我差一点就被逐出比赛，现在就算不入选也无所谓了！不过，为了不让自己后悔，我一定要努力。”

功夫不负有心人，比赛的结果出乎包括大赛组织者在内的所有人的预料，小泽征尔获得了冠军，从而取得了世界大指挥家的不可动摇的地位。

惠特曼曾经这样说过“让我们学着像树木一样顺其自然，面对黑夜、风暴、饥饿、意外等挫折。”人生不如意的事情很多，当问题来了的时候，即便你不面对，那么事情就能过去了？既然这样，我们为何不学会淡然的、从容地去面对问题呢？让自己能敞开心扉从容面对，这需要的是一种勇气，一种精神。正因为有了这种精神，人们才会容纳生活中的不公平，人的生命才会更灿烂，更美好！

反省自己，迎接新的开始

林杨已经毕业两年了，可是这两年来，他不仅没有稳定的工作，也没有什么发展目标，可以说是郁郁不得志。其实这两年的时间他一直都处于跳槽的状态，最近又开始打算进行第七次跳槽。说是由于得不到老板的重用，身边的同事大多不愿和他谈话，他对那份工作一点兴趣也没有了。他想辞职另找一份工作。

林杨不仅不知道改进，而且还没有自知之明，感觉自己了不起，处处争强好胜。更过分的是他总是不把别人放在眼里，感觉自己高人一等似的。在大学的时候就由于这种性格和很多同学搞僵了关系，人际关系非常糟糕，所以在学校的时候，他就盼望早点毕业换个新环境来摆脱学校这个他认为很糟糕的环境。

终于熬到毕业了，这下林杨感觉自己马上就要呼吸到新鲜的空气了，他曾经对他的好友许诺在以后工作的时候一定好好努力，早日有所作为，闯出自己的一片天地，终有一天会让那些讨厌他或者瞧不起他的人另眼相看。可是两年来，他频频跳槽，由毕业前的雄心壮志，毕业初的踌躇满志，变成了现在的郁郁不得志。林杨十分伤感地问昔日的朋友：

“你能不能告诉我，为何已经工作了，一切重新开始了，我还是不被大家喜欢呢？”

这时，朋友就用一个故事来为林杨指点疑惑：一只乌鸦打算飞往南方，途中遇到一只鸽子，一起停在树上休息。鸽子问乌鸦：“你这么辛苦，要飞到什么地方去呢？为什么要离开这里呢？”乌鸦叹了口气，愤愤不平地说：“其实我不想离开，可是这里的居民都不喜欢我的叫声，他们看到我就撵我，有些人还用石子打我，所以我想飞到别的地方去。”鸽子好心地说：“别白费力气了。如果你不改变你的声音，飞到哪儿都不会受欢迎的。”

听完故事之后，林杨终于明白了，此时他满脸通红，终于知道了自己的弱点所在。

朋友们，一个人如果一直活在自我的世界里不敢面对自己的过错，那么这将是一件很可怕的事情，如果不及时走出来，学会反省自己，那么我们将无法迎接崭新的生活。所以说，只有学会自省，才能更好地告别自己的失败，迎接新的人生。

秦昭襄王派兵入侵赵国边境，占领了几个城池。为了使赵国屈服，他后来又耍了个花招，请赵惠文王到秦地渑池去会见。蔺相如同赵惠文王一块儿赴约，廉颇在本国辅助太子留守。蔺相如不辱使命，保全赵国的尊严，立了大功。赵惠文王拜他为上卿，地位在大将廉颇之上。廉颇很不服气，私下对自己的门客说：“我是赵国大将，立了多少汗马功劳！蔺相如有什么了不起？倒爬到我头上来了：哼！我见到他，非要给他点颜色看看。”

这句话传到蔺相如耳朵里，蔺相如就装病不去上朝。

有一天，蔺相如带着门客坐车出门，老远就瞧见廉颇的车马迎面而来：他连忙退到小巷里去，让廉颇的车马先过去。这一举动，使他手下的门客感觉受到了侮辱。

蔺相如对他们说：“你们看廉将军跟秦王比，哪一个更厉害呢？”

门客们说：“当然是秦王。”蔺相如说：“对呀！天下的诸侯都怕秦王。为了保卫赵国，我就敢当面责备他，怎么我见了廉将军倒反怕了呢？因为我想过，强大的秦国不敢来侵犯赵国，就因为有我和廉将军两人在。要是我们两人不和，秦国知道了，就会趁机来侵犯赵国。为了赵国的利益，我宁愿忍让点儿。”

有人把这件事传给廉颇，廉颇感到十分惭愧，自己和蔺相如同为赵国的柱石之臣，可是自己却只是为了自己的私利而斤斤计较，蔺相如却是如此大度，这就愈发使他感觉到惭愧了。于是他就裸着上身，背着荆条，到蔺相如的家里请罪。他见了蔺相如说：“我是个粗鲁人，哪儿知道您竟这么大仁大义，我实在没脸来见您，请您责罚我吧。”

蔺相如连忙扶起廉颇说：“咱们两个人都是赵国的大臣。老将军能体谅我，我已经万分感激了，怎么还来给我赔礼呢？”

从这以后，两人就成了知心朋友，廉颇这种知错能改的胸怀，历来为人们所传颂。

倘若廉颇不知道反省自己的过失，那么这一切将会是一个什么结局呢？反省是一个人必备的一种素质，如果能随时审视自己过去的言行，就可以找出以往看待事物的观点是对是错。若是正确，则往后当然可以继续以此眼光去面对这个世界；如果是错的话，那就需不断地调整自己的方向，弥补自己的不足，这样一来就可以帮助你往后用正确的观点去看待周围的事物了。

第07章

别让借口毁了你，方法总是比困难多

未来如何？这一切其实都把握在自己的手上。未来不会因为你的抱怨而变得更好一点，未来需要你一步步去努力前进。不要对自己说“不可能”，这种找借口的行为不是一个有出息的人说的话，所以我们要大声地说一句“我能行”。因为积极向上才是一种最健康的心态，而消极被动却是一种极具危害的心理障碍。没有人一帆风顺，要相信你的不顺，正是你成长历练道路上的一个契机。朋友们，成功开始于你的想法，圆梦取决于你的行动，加油吧！

抱怨，让人生黯然失色

不知大家是否留意，很多人喜欢说这样的话："生活真的是无聊透顶""工作好像是重复一般，没什么意思""为什么别人那么好运，我就过得这样糟糕呢？"……类似这样的话相信很多人都喜欢说，其实这就是抱怨，我们抱怨社会的不公，抱怨自己拥有的太少，抱怨收入与付出不成正比，可是你有没有发现，越是抱怨，你的快乐就越少，生活也就越不顺心。喜欢抱怨的人总觉得什么事情都和他作对，什么事情他都无法掌控。许多人之所以不能获得成功，原因就在于抱怨。我们之所以经常抱怨，是因为我们缺乏感恩之心。其实，我们遇到的无论是顺境还是逆境，都能磨炼一个人的心智。相反，抱怨除了让我们生闷气外，毫无益处。既然会这样，那又何必呢？

孔雀向王后朱诺抱怨。它说："王后陛下，我不是无理取闹来申诉说情，您赐给我的歌喉，没有任何人喜欢听，可您看那黄莺小精灵唱出的歌声婉转而甜蜜，它独占春光，风头出尽。"

朱诺听它如此言语，严厉地批评道："你赶紧住嘴，妒嫉的鸟儿，你看你脖子四周，是一条如七彩丝绸染织的美丽彩虹；当你舒展着华丽羽毛出现在人们面前时，大家就好像见到了色彩斑斓的珠宝。"

“以你如此的美丽，你难道好意思去嫉妒黄莺的歌声？和你相比，这世界上没有任何一种鸟能像你这样受到别人的喜爱。一种动物不可能具备世界上所有动物的优点。”

“我分别赐给大家不同的天赋，有的天生长得高大威猛；有的如鹰一样勇敢、隼一样敏捷；有的则可以预告征兆。大家彼此相融，各司其职。所以我奉劝你不要再抱怨，不然的话，作为惩罚，你将失去你美丽的羽毛。”

是啊，为什么很多人总是不知满足，永远看不到自己拥有的快乐呢？就像孔雀一样，它有着其他动物没有的华丽羽毛，可是它还是不断地抱怨，因此让王后非常的反感。朋友们，我们不要因为失去而感到遗憾，更要因为拥有而珍惜，乐观地对待生活，这不但是一种对待人生的态度，更是一种快乐人生的智慧。

张强在一家汽修厂工作，担任的是一名修理工，刚来这家工厂的时候，他一开始就打算着能够好好积累一些经验，学好本事自己干。可是在上班工作的第一天，张强就受不了了，一直在抱怨，“这工作太讨厌了，脏兮兮的，这一会下来，我浑身已经脏的没法看了”“可把我累死了，这种工作简直是烦死人，整天做这些有什么意思”……每天，张强都是在抱怨和不满的情绪中度过。他认为自己在受煎熬，在像奴隶一样卖苦力。因此，张强每时每刻都窥视着师傅的眼神与行动，稍有空隙，他便偷懒耍滑，应付手中的工作。

就这样，时间在抱怨中一天天地过去，张强在这里混日子已经混了两年了。当时与张强一同进厂的三位朋友，各自凭着精湛的手艺，或另谋高就，或被公司送进大学进修，独有张强，仍旧在抱怨中做他讨厌的修理工。

朋友们，有时候我们不妨静下心来好好考虑一下，抱怨真的有用吗？能解决问题吗？抱怨的最大受害者是自己，就像案例中的张强一样。当然我们每个人都有负面情绪，但是适当的发泄一下，事情过去了也就算了，如果一味地沉浸在负面情绪里，我们就应该反省一下自己了。在工作中，有些人就是牢骚一大堆，抱怨满天飞。殊不知这就是问题的关键所在——吹毛求疵的恶习使他们丢失了责任感和使命感，只对寻找不利因素显得兴趣十足，从而使自己发展的道路越走越窄，他们与公司格格不入，变得不再有用。最终只好被迫离开。

现实生活中，确实有些人承受了巨大的压力，或者是来自各方面很不公平的对待，但这些都不能成为不停抱怨的理由。从另外一个角度看，如果我们用一种宽广豁达的心态来接受它，把一些磨难当作是对未来成功的一种考验，那么我们将会获取更多的生活经验，这期间的努力和拼搏也不会辜负于你。抱怨对我们来说没有任何意义，当我们遇到不如意的事情时，我们可以选择一些适合自己的方式去疏解一下自己的情绪，然后用浪费在抱怨上的时间去做一些有价值的事情。我们可以总结一下经验，吸取之前的教训，好好规划一下，想想如何调整自己的人生方向，用实际行动去改变现状，这样一定会比发牢骚好得多。

做事尽心尽力，不找借口

洛克菲勒曾说：“在我看来，借口是一种思想病，而染有这种严重病症的人，无一例外都是失败者。当然，一般人也有一些轻微症状。但是一个人越是成功，越不会找借口。处处亨通的人，与那些没有什么作为的人之间最大的差异，就在于借口。”是的，遇到麻烦，有的人想到的是怎样找方法解决，而有的人想到的却是怎么去找借口推脱。差距如此之大，所以就存在着成功者和失败者，因为他们处事的态度不同，所以面临的结果也就不同了。

杰克最近听到一个消息，说自己马上就要被公司辞退。他一直非常的懊恼，后来这个消息证实的时候，杰克怒气冲冲地来到经理办公室，想要找经理理论。刚见到经理，杰克就开始喋喋不休地抱怨起来，认为经理从来没有给过自己表现的机会。

经理问他：“杰克，你说我没有给过你表现的机会，那你为什么不去争取呢？机会也需要自己去争取的啊！”

“不，经理，我争取过！”杰克反驳说，“可是经理你知道吗？我不认为，那次外派是表现我才华的机会。”

“哦？”经理来了兴趣，“我不明白你具体什么意思，你能说得详细点吗？我想知道这是什么时候发生的事。”

杰克就开始絮叨，他说：“您还记得吗？前些日子，我被外派，可是您考虑过没有，我年纪也不小了，在这里工作的业绩也不错，公司这样做，是不是浪费人才啊？因此就拒绝前往！”

经理望着杰克，说道：“我想说的是，杰克，难道你从来没有想过那是一种机遇？”

面对经理的回答，杰克的底气还是那么足，他说：“不不不，经理，我并不这么认为。咱们公司的职位有很多很多，为什么非要把我发配到那么远的地方去呢？而且你也知道，我们这里的很多职位我都可以胜任，也一定能做出很大的业绩的啊！而且，大家都知道，我的身体不好，不适合去偏远地方，那样真的是太折磨我了。”

“原来如此！”经理微笑着摇了摇头，“好吧，杰克，既然这样的话，我觉得没有人能够帮助你的！”

借口实在是太多了，只要你想推辞，难道还怕没有理由吗？杰克不就是一个活生生的例子吗？不管经理怎样回答，他总能找出一大堆的理由搪塞，这样的麻烦员工，哪家公司雇佣得起呢？很多时候，借口就是在这么赤裸裸地诱惑着我们。一个人如果没有了责任感，没有了上进心，那么他总是能为自己的不如意找到借口的，这样的人终究是会被淘汰的。

李成和刘海乐今年刚刚毕业，他们同时来到一家公司实习。有次，领导分别给他们安排一项任务，让他们在规定时间内完成。李成思维比较敏捷，但做事喜欢偷懒，接到任务后他觉得这应该是别的有经验的人做的工作，所以自己做得差一些也没关系。于是李成就把领导布置的任务马马虎虎地做完了，根本没放在心上，之后便置之不理了。刘海乐做事踏实、认真，但是做事速度有些慢，赶期限前才刚刚完成任务。到了规定时间，李成交了任务，领导看了看，便说："李成，这工作是你做的吗？简直是太草率了！"李成说："经理，我今年刚刚毕业，很多事情的处理上出现一些不足是很正常的，您不能把我和有经验的人相比，这样是不公平的。再说，我真的是很努力去完成这项任务了。"领导听后，非常不满，本来李成没能很好地完成任务已经让领导很不高兴了，他的一系列借口更是让领导反感。然后刘海乐将任务交给领导："很抱歉，我非常认真地对待这次您安排的任务，不好意思的是我做的有点慢，但我尽力达到了您的要求，希望您指正。"领导接过刘海乐的任务，看了看，说道："嗯，海乐，可以看得出你真的很认真地对待这个任务，做得挺好。有创意，观点阐述得很细致，以后要总结经验，把速度赶上来，这样你就会越来越优秀的。"之后，领导便安排刘海乐留了下来，辞退了李成。

李成和刘海乐的故事告诉我们，一个人总是为自己找借口真的是一种非常不负责任的表现，也是一种对他人的不尊重。

李成对待工作不想着怎么去努力，只是为自己的懒惰与不负责任找借口，这样是不会被公司接受的。刘海乐同样在执行领导的安排中感到棘手，但是他却不像李成那样找一大堆的理由为自己开脱，而是专心地去寻找解决问题的方法，认真对待，不断完善，这样的人才会得到领导的赏识。

借口仿佛是一个用温情掩饰的陷阱，会消磨人的斗志，或让你遗忘自己的责任所在。而找任何借口都是一种推卸责任的表现。在责任和借口之间，选择责任还是选择借口，都体现了一个人的行事风格和生活态度。

朋友们，如果你们有这样的习惯，一定要记得抓紧改正，否则你在工作及生活中将原地踏步甚至不断后退。出现问题不是积极、主动地加以解决，而是千方百计地寻找借口，那么你的工作就会拖沓，以致没有效率。借口不是你的保护伞，它会害了你的，让你失去前进的动力，变得没有责任心，总是想一些乱七八糟的理由掩饰自己的内心。长此以往，借口成了习惯，人就会疏于努力，不再想方设法争取成功了。

敢于对自己的行为负责

有时候我们犯了错，我们可能会因为害怕老师的责备，家长的失望，老板的责罚而去撒谎，推卸本应自己承担的责任，但事后，不管事情是否朝着你希望的方向发展，你会感到心安吗？会内疚吗？会悔恨吗？是你做的就要承认，不要推卸，敢做敢当是人的一大优秀品质，推卸责任是懦弱的的表现。我们要学会对自己的行为负责，这样自己的内心才会舒坦、安宁。

卢梭是法国著名的革命家、哲学家。但是他小时候做过的一件事情却让他后悔不已。卢梭为了生存，经人介绍，在一个富人家里干一些杂活。一天，这家的女主人去世了，家里非常混乱。卢梭乘机偷偷拿了这家小姐的一条绣带，没有人发现是他拿了。卢梭当时只是觉得好玩才拿的，也没有怎么特意藏起来，一段时间后别人发现了这件事。老管家把卢梭叫到跟前，拿着那条绣带问卢梭："这条绣带是哪里来的？"

卢梭当时非常紧张，好半天才吞吞吐吐地说："是马里翁送给我的。"

马里翁是家里的厨娘，比卢梭大几岁，不但人长得漂亮，而且有一颗善良的心。大家都很喜欢她。没有人相信马里翁偷了绣带。于是，管家又把那个姑娘叫来，让她和卢梭当面说个清楚。卢梭由于做贼心虚，指着马里翁抢先大声地说："就是她！绣带是她给我的。"

姑娘吃惊地瞪大眼睛看着卢梭，半天才缓过神来，对管家说："不是的，管家。我根本不知道这件事。我也没见过这条绣带。"

卢梭仍然硬着头皮说："你骗人，绣带就是你送的。"

姑娘委屈地望着卢梭，说："卢梭，求你说实话，可不要因为一条绣带断送了我的前途啊！"

卢梭虽然知道这样诬陷他人是不对的，可是又不敢说这是自己的错，只好继续很无耻地指控那位姑娘。

姑娘很气愤，对卢梭说："卢梭，我原来以为你是个好人，想不到你如此冤枉好人。我看错你了。"

她转过头去，继续为自己辩解，把卢梭冷落在一边。因为她不屑于和这样不诚实的人争论。

由于卢梭和马里翁都不承认是自己偷拿了绣带，管家只好同时辞退了这两个人，并且说："撒谎者会受到良心的惩罚的，它是会为无辜的人找回公道的。"

老管家说得对极了，卢梭从此受到了来自良心的强烈谴责。他时常会想起那双无辜而善良的眼睛。一想到由于自己的不诚实，使得她丢掉工作，被强行扣上小偷的黑锅，并且很难再得到他人的信任以找到合适的工作，卢梭就万分歉疚，好像千万条小虫子在咬他的心一样。

卢梭逃避了自己犯下的错误，反而错上加错，诬陷了善良无辜的马里翁。他逃脱了法律的制裁，却没有逃脱良心的谴责，这种痛苦伴随着卢梭的一生。如果再给卢梭一次机会，他一定会老老实实地告诉老管家："对不起，先生，是我拿的。这是我的错，这件事情与马里翁无关。"

40年后，卢梭把这件事写到了他的名著《忏悔录》里，目的是提醒我们，做错了事情一定要勇敢地承认并承担责任。不然的话，你将永远为自己的罪行忏悔，遭受良心的谴责。

是啊，自己做的事情就要敢于担当，如果我们因为自己的错误而去伤害他人，给他人造成痛苦的后果，那我们的内心也不会安宁。卢梭的故事大家也应该得到启示：无论如何，我们不要试图逃避错误、推卸责任，否则你将永远逃不过良心的谴责。

时常告诉自己“我能行”

20世纪著名喜剧大师卓别林曾经说过这样一句话“人必须相信自己，这是成功的秘诀。”。不要看轻了这句话的分量，相信自己，我们做到了吗？在很多时候，我们做不到，所以我们错过了成功。有的人喜欢说“我不行”，而有的人则喜欢说“我能行”，只是一字之差，其中给人带来的力量却是千差万别。喜欢说“我不行”的人总是无形间给自己灌输消极思想，本来可以做到的事情，却因为自己的不自信怎么也做不好；喜欢说“我能行”的人，总是无意间能发现惊喜，因为时刻的自我鼓励，自己变得勇敢而又上进，总是不断激发自己的潜力，攻破一个个难关，学到越来越多的本领。所以说，不要轻易否定自己的能力，为自己的心灵设限。很多时候，阻碍我们进步的主要障碍，不是我们能力的问题，而是我们的消极和不自信。

罗斯福年轻时，洒脱俊秀，才华横溢，深受人们爱戴。某日，罗斯福在加勒比海度假，游泳时突然觉得腿部麻木，动弹不得，经他人挽救才避免了一场悲剧的发生。大夫诊断后证明罗斯福得了“腿部麻木症”，大夫对他说：“这可能会严重影响您正常地行走。”罗斯福并未被大夫的话吓倒，反而笑呵呵地对大夫说：“我还要走路，并且我一定能走入白宫。”

首届总统竞选时，罗斯福对助手说：“请安排一个大讲坛，我要让所有的选民看到我这个患麻木症的人可以‘走’上台演讲，而无须什么手杖、轮椅！”当天，他穿着笔挺的西装，眼神充满自信地从后台走上演讲坛。他每次的脚步声都让在场的人深深地意识到他坚强的意志及信念。

后来，罗斯福成为美国政治史上唯一一个蝉联四届的伟大总统。

罗斯福总统那坚定的步伐正是自信的表现，他用自己的每一步向人们传达了自己不服输的精神和内心那份坚定的信念。如果你相信自己能行，并加以行动，那么成功就在你的不远处等着你。倘若自己都不相信自己，觉得自己不行，那么你已经在后退了，更不用说什么成功了。

一个年轻的墨西哥女人跟随着丈夫移居美国，她心里充满了对丈夫的感激，因为他将要带她面对一种崭新的生活，而且她相信，这种新生活是快乐的，是轻松的，是充满希望的。

然而，还没有抵达美国，丈夫就不明原因地离她而去，留下束手无策的她和两个嗷嗷待哺的孩子，前途一片迷茫，她不知道下一步何去何从？22岁的她和孩子在寒冷的冬天里孤立无援，饥寒交迫。然而，两天的迷茫之后，她还是做出了一个艰难的决定，前往加州，即使那里没有一个亲人和朋友。于是她用仅剩的一点钱毅然决然地买了去加州的火车票。

刚到加州的时候她一无所有，在她的一再央求下，一家墨西哥餐馆答应让她在那里打工，虽然她辛辛苦苦地从早忙到晚，收入不过只有几块钱，但是她很知足，因为她和孩子都还很健康地活着。同时，她省吃俭用，努力挣钱，也试图寻找属于自己的工作。

后来，她开了一家墨西哥小吃店，专门卖墨西哥肉饼。有一天，这个年轻的墨西哥女人拿着辛辛苦苦攒下来的一笔钱，跑到银行向经理申请贷款，她说："我想买下一间房子，经营墨西哥小吃，如果你肯借给我几千块钱，那么我的愿望就能够实现。"

一个陌生的外国女人，没有任何财产作抵押，更没有可以给她做担保的亲戚朋友，甚至连她自己都不知道能否成功。但是很幸运，这家银行的经理很佩服她的胆识，决定冒险投资一把……15年以后，这家小吃店扩展成为美国最大的墨西哥食品批发店。

她就是拉蒙娜·巴努宜洛斯。

拉蒙娜·巴努宜洛斯常常挂在嘴边的一句话就是："我能

行，因为我相信我能行。”相信自己，那么一切皆有可能。没有自信，就没有勇气去战胜生活的磨难；没有自信就无法寻找人生的出路；没有自信就无法激发出自己体内的潜能与智慧。最终她克服了一切艰难险阻，成功了。

每个人的道路都不会一帆风顺，这是挑战也是机遇，更是证明自己实力的一个机会。其实许多伟人成功的例子不也是如此吗？爱迪生相信自己，在被老师看作差生、在被试验打败之后，依然相信自己一定能行。结果，他真的实现了梦想，发现了钨丝。居里夫人是怎么发现镭元素的？很简单，她用勤奋，加上自信，才成就了一个奇迹。每当失败来临的时候，他们选择的不是放弃，而是坚信自己能做好！这是一种信念，也是一种力量！

逆境，成功之路的历练

在《报任安书》中司马迁曾写下这样一段非常著名文字：“古者富贵而名磨灭，不可胜记，唯倜傥非常之人称焉。盖文王拘而演《周易》；仲尼厄而作《春秋》；屈原放逐，乃赋《离骚》；左丘失明，厥有《国语》……大底圣贤发愤之所为作也。”从中我们可以看出，古往今来那些成大事者都曾身处逆境，历经无数磨难的。逆境出人才，经过挫折锤炼，在逆境中成长起来的人具有更强的生命力和竞争力，他们拥有成功和失败的经验，处事更加成熟。在他们眼里，失败是一种财富。他们笑对失败，迎难而上。所以说，你的不顺，正是上苍赐给你历练的时机，接受了上苍安排的逆境，勇于和它抗衡，才能得到后期的发展。

公元743年，唐朝的鉴真和尚第一次东渡，正准备从扬州扬帆出海时，不料被人诬告与海盗串通，东渡未能实现。同年年底，鉴真和同船856人第二次东渡。刚一出海，就遇到了狂风恶浪，船只被击破，船上水没腰，这次东渡又告失败。

鉴真修好船后，到了浙江沿海，又遇到狂风恶浪，船只触礁沉没，人虽上岸，但水米皆无，他们忍饥挨饿好几天，才被搭救出来，第三次东渡又遇挫折。第四次东渡因人阻拦，也未成功。

遭受挫折最为惨重的是第五次东渡。公元748年，鉴真一行345人又从扬州乘船东渡，船入深海不久，就遇上特大台风，船只经风吹浪涌漂到浙江舟山群岛附近。停泊三个星期后，鉴真再度入海，不料又误入海流。这时，风急浪高，水黑如墨，船只犹如一片竹叶，忽而被抛上小山似的浪尖，忽而陷入几丈深的波谷。

这样漂了七八天，船上的淡水用完了，每天只靠嚼点干粮充饥。口渴难忍时就喝点海水，这样苦熬了半个多月，最后飘到了海南岛最南端崖县，才侥幸上了岸。他们跋涉千里，历尽千辛万苦才回到了扬州。在路上几经磨难，63岁的鉴真身染重病，以致双目失明。即使是在这样的情况之下，鉴真东渡日本的决心丝毫未动，仍为第六次的东渡做准备，后来终于获得了成功。

如此多的失败经历和痛苦磨难也没有磨灭鉴真他们一行人的斗志，对于强者来说他们永远不会在逆境中言败，只会把它当作历练的机会。相比之下我们生活中的小挫折真的是应该一笑置之。

朋友们，我们要明白，身处逆境最忌讳的反应，第一是意志消沉，第二是焦躁不安，第三是惊慌失措、盲目挣扎。若是犯了这三项大忌中的任何一项，不仅无法从逆境中脱困，反而会坠入万劫不复的深渊。相信我们该怎么做，大家已经非常明了。

“当生命像流行歌曲般地流行，那不难使人们觉得欢欣。但真有价值的人，却是那能在逆境中依然微笑的人。”希望这首小诗能给处于逆境中的人们带来力量。总之，一个能够在一切事情十分不顺利时仍然微笑的人，要比一个一碰到艰难困苦就要崩溃的人多占许多胜利的先机。

第08章

别总是不肯吃亏，接受人生的“不公平”

人生在这个世上，就要面对很多的风风雨雨，没有什么事情是绝对的公平，因此面对“不公平”，我们是否能够接受的了呢？有句话说“吃亏是福”，是的，可是其中的技巧又有多少人能把握呢？事情都有两面性，有时候“吃亏”或许会收获更多，聪明的人都懂得多“主动吃亏”，少“被动吃亏”，这样你的路才能走得更为长远。所以，我们要学会适应人生的“不公平”，该聪明时聪明，该糊涂时糊涂，要学会舍弃，懂得低头，这样才能更好地保护自己。

看淡人生的“不公平”

当你在抱怨别人生下来就有富足的生活，而自己没有好看的鞋子穿的时候，你是否知道还有很多人甚至没有脚，那你是否还觉得生活对你不公平呢？世界上许多事情不可能全部是公平的，所以我们要学着适应，有时候就算外界对自己不公平，不同的心态对待事物的看法也是千差万别，所以不论如何，事事还要看自己，如果左右不了环境，那就改变自己的心态，学会接纳生活的“不公平”。因此，当我们每次说“生活太不公平了，为什么受伤的总是我”的时候，我们可以换一下表达方式：“生活难免会有不公平，看开就好了。”这样可以让你改变颓废、沮丧的情绪。

海伦·凯勒在一岁多的时候，莫名其妙生了一场大病，这场大病使海伦·凯勒变成一个看不见、也听不见的小女孩，这让她的脾气更暴躁起来！

可怜的海伦·凯勒，该如何去面对一个没有光线，没有声音的世界呢？这真是一个令人头痛的问题。通常，教育一个五官健全的孩子，已经不是一件轻而易举的事了，更何况海伦·凯勒又瞎又聋！也许，父母亲他们可以猜测、也可以想象出海伦·凯勒的心情，但是他们绝对无法真实地体会，就如同海伦·凯勒无法体会正常人的生活一样。

起先，父母采用实验的方法，一次又一次地尝试教导海伦，虽然他们失败过无数次，但是日子久了，也摸索出不少要领，他们除了被动地随海伦·凯勒比手画脚，有时也教导海伦·凯勒凭肢体动作，表达喜怒哀乐。

另外，海伦·凯勒也学习运用触觉去感受周遭的事物。就这样一点一点地累积，四五年以后，但凡孩子们用眼睛、耳朵能感受的，海伦·凯勒都能以触摸的方式领略。只是父母不是残障教育的专家，所以海伦·凯勒学到的肢体语言，只有父母才看得懂，至于外人可就很难说了。

向来关心女儿的父母，也一直挂心这个问题，尤其是他们想到自己终有年老的一天，到时候要是海伦·凯勒仍然不能跟外人沟通，那海伦·凯勒往后的遭遇，将是非常悲惨的。于是，在海伦·凯勒七岁那年，他们从外地请来一位受过专门训练的莎利文老师。

莎利文老师跟海伦·凯勒很投缘，她们认识没有几天就相处融洽，而且海伦·凯勒还从莎利文老师那里学会了认字。

一天，老师在海伦·凯勒的手心写了“水”这个字，海伦·凯勒不知怎么搞的，总是没法子记下来。老师知道海伦·凯勒的难处在哪儿，于是她带著海伦·凯勒走到喷水池边，要海伦·凯勒把小手放在喷水孔下，让清凉的泉水溅溢在海伦·凯勒的手上。接著，莎利文老师又在海伦·凯勒的手心，写下“水”这个字，从此海伦·凯勒就牢牢记住了，再也不会搞不清楚。海伦后来回忆说：“不知怎的，语言的秘密突然被揭开了，我终于知道水就是流过我手心的一种物质。这个喝的字唤醒了我的灵魂，给我以光明、希望、快乐。”

不过，莎利文老师认为，光是懂得认字而说不出话来，仍然不方便沟通。可是，从小又聋又瞎的海伦·凯勒，一来听不见别人说话的声音，二来看不见别人说话的嘴型，所以，尽管她不是不能说话的哑巴，却也没法子说话。

为了克服这个困难，莎利文老师替海伦·凯勒找了一位专家，教导她利用双手去感受别人说话时嘴型的变化，以及鼻腔吸气、吐气的不同，来学习发音。当然，这是一件非常不容易的事，不过，海伦·凯勒还是做到了。盲人作家海伦·凯勒，除了突破官能障碍学会说话，更奉献自己的一生，四处为残障人士演讲，鼓励他们肯定自己，立志做一个残而不废的人。海伦·凯勒的这份爱心，不但给予残障人士十足的信心，更激起各国人士正视残障福利，纷纷设立服务机构，辅助他们过上健康快乐的生活。

海伦·凯勒的散文代表作《假如给我三天光明》，她以一个身残志坚的柔弱女子的视角，告诫身体健全的人们应珍惜生命，珍惜造物主赐予的一切。此外，本书中收录的《我的人生故事》是海伦·凯勒的自传性作品，被誉为“世界文学史上无与伦比的杰作”。

1968年，海伦88岁去世，她终生致力服务残障人士的事迹，传遍了全世界。此外，她写了很多书，她的故事还拍成了电影。莎利文老师把最珍贵的爱给了她，她又把爱散播给所有不幸的人，带给他们希望。海伦逝世后，她坚强的意志和卓越的贡献感动了全世界，因此各地人民都开展了纪念她的活动。

当我们在抱怨生活的不公平时，我们可想一下海伦·凯勒，命运给她的不公到底有多残忍，她又是怎样抗争到底的。因此只有自身的强大，才不会给所有待我不公的人和事任何可乘之机。雄鹰只有飞上万米高空，才能飞越呼啸的寒流，越过珠穆朗玛峰的阻隔，达到极乐之巅。

总之，当胸怀和天空一样宽阔的时候，就没有什么不公平可以击倒你了。

别贪婪，有舍才有得

有哲人忠告：人一生只能做好一件事。我们只有一双手，每只手只有五个手指头。有时候我们两只手不能都伸出去，一只手的五个手指头不可能什么都抓住。所以说，我们要懂得有所舍弃，你舍弃的时候，其实也是得到的时候。抓住该抓的东西，不该要的应学会有所割舍，这样你才会拥有更多。请记住：做人不贪婪，有舍才有得。

相传在古罗马有这样一则寓言故事：

从源头出发的两条小河流，它们要流向大海。它们努力穿过山涧，到达了沙漠的边缘。看着干涸的大沙漠，它们束手无策：该怎么办？是回去还是前行，它们争论不休。一条河流说："我一定要流过这片大沙漠找到大海，如果返回去，那之前所有的努力都白费了。"另一条河流却说："还是先回去，以后一定会有机会的，如果继续前进，恐怕我们到不了大海，在沙漠里就干涸了。"最后它们各执己见，分道扬镳。一条执著地前进流向大沙漠，一条知难而退原路返回。结果执著前进的河流不久便干涸在沙漠里，而另一条河流回到了源头，等待着良机，最后安然到达了大海。

面对着这广阔的沙漠，小河流的力量是多么的微不足道啊，可是其中的那一条小河却放不下之前的付出，孤注一掷，最终在沙漠中干涸了，永远也无法流入浩瀚的大海；可是另一条小河却勇于舍弃之前的努力，不怕重新来过，它寻求更好的出路，最终走入了大海的怀抱。有些时候，我们要懂得变通，不要觉得一个劲地往前冲就是勇气，就是能干，其实极容易变得偏执。在一定情况下，放弃不是懦弱，而是为了更容易走向成功。所以说，对待问题，我们要学会权衡利弊，在取舍之间作出最明智的选择，这样才能更成功地实现自己的目标。

有一个很自私的人，自私到连一粒米都舍不得施舍给别人，大家都叫他吝啬鬼。

有一天，佛祖经过他家门口，知道了这件事，便决定登门去教化他。

佛祖很耐心地给他讲了“舍便是得”的故事和道理，在听了佛祖的教诲之后，他也有了一些领悟。这个时候，门口来了一个乞丐，于是佛祖便叫他前去施舍。他捧着一碗饭来到门前，可就在给予的那一瞬间，他说什么也放不开自己的手。

试了几次都无济于事，他虽然明白道理，但就是做不到，他很沮丧地回到佛祖面前说：“我是想施舍给他的，但我怎么也松不开自己的手。”

佛祖稍加思索之后从怀里拿出一粒种子，把它放到了他的左手里，对他说：“你把右手想成是别人，把左手想成是自己，现在你试着把这粒种子放在你的右手上。”

他非常不解地看了看佛祖，一想到要把自己的东西给别人。他又开始依依不舍了，可是过了一会儿他又笑了，因为他顿时意识到，把左手的种子放到右手，那不还是自己的手吗？并没有损失什么啊！这么一想，就可以轻松地把那粒种子放在了自己的右手中。那一瞬间，他右手中的那粒种子竟然奇迹般地长出了叶子，开出了一朵美丽的花。

“舍”永远在“得”的前面，这不但是非常重要的顺序，更是幸福的秘诀，但是许多人却忽略了这个最奇妙的步骤。有舍才有得，放弃了贪婪和私欲，你将收获更多，你的心中也会开出一朵美丽的花朵。

失去与收获是相辅相成的两方面，它们都真实、客观地存在着。你不能总是看到其中一方面，而忽视另一方面。得与失，必有平衡点。你不要总因失去而痛苦，你也会有成功和收获的时候。如果你过分地计较生命中的失去，那么你就已然失败了。所以说，我们要做一个心胸开阔的人，放下心中的贪欲与自私，保持心态的平和，这样你眼中所看到的将会是另外一番天地。

低头，是一种人生智慧

有人问希腊大哲学家苏格拉底：“您是大家公认的天下最有学问的人，那么请问您知道天与地的距离是多少呢？”

听完这个问题，苏格拉底毫无为难之色，立马回道：“三尺。”

提问的人顿时笑了：“先生，除了尚未长大的孩子，我们成年人大多五六尺高，如果天和地的距离只有三尺的话，那岂不是把苍穹都戳出洞来。”

苏格拉底听完也跟着笑了，他说道：“是呀，凡是高度超过三尺的人，如果想立于天地间，就得学会低下头来。”

是啊，低头是一种能力，也是一种智慧，更是一种人生态度。它不是自卑，也不是怯懦，它是清醒中的嬗变。不要觉得自己吃了亏，也不要觉得自己多委屈，其实有时候，如果我们学会稍微低一下头，那么我们的人生路会更精彩，我们的能力也会有所提升。

被称为美国人之父的富兰克林，年轻时曾去拜访一位德高望重的老前辈。那时他年轻气盛，挺胸抬头迈着大步。一进门，他的头就狠狠地撞在门框上，疼得他一边不住地用手揉搓，一边看着比他的身子矮去一大截的门。出来迎接他的前辈看到他这副样子，笑笑说：“很痛吧！可是，这将是你今天访问我的最大收获。一个人要想平安无事地活在世上，就必须时刻记住——该低头时就低头。这也是我要教你的事情。”

富兰克林把这次拜访得到的教导看成是一生最大的收获，并把它列为一生的生活准则之一。这一准则令富兰克林受益终生。后来，他功勋卓著，成为一代伟人。他在一次谈话中提到那次拜访，说道：“这一启发帮了我的大忙。”

不懂得低头，那就避免不了碰壁，所以说低头是一种处事智慧，不管你条件多优秀，也不管你身份多尊贵，放下你的高姿态，你才会显现出你超出常人的修养。富兰克林的这一次教训正让他明白了一个道理：做人不可无骨气，但做事不可以总是昂着高贵的头。

在隋朝未期的时候，隋炀帝昏庸暴虐，各地农民起义风起云涌，隋朝的许多官员也纷纷倒戈，转向农民起义军。因此，隋炀帝对朝中大臣尤其是外藩重臣疑心重重。唐国公李渊（唐高祖）曾多次被委位中央和地方官，行经处都悉心结交当地的英雄豪杰，多方树立恩德，所以吸引众多前去归附于他的人。这样，大家都替他担心，怕他遭到隋炀帝的猜忌。正在这时，隋炀帝下诏让李渊到他的行宫去参见。李渊因病没有去，隋炀帝因此而对他起了猜疑之心。当时，李渊的外甥女王氏是隋炀帝的妃子，隋炀帝向她问起李渊没有进见的缘由，王氏回答说是因为病了，“会死吗？”隋炀帝接着问道。

王氏把这隋炀帝的话告诉了李渊，李渊深感事态严重。他知道自己迟早会为隋炀帝所不容，但现在起事还过早，只能暂时隐忍。于是，他故意广收贿赂，整天沉湎于声色犬马之中，主动败坏自己的名声，以贬低自己。隋炀帝知道后，果然放松了对他的警惕。

看到这里我们应该明白，做人要能屈能伸，这样才能有所作为。如果当时李渊不懂得低头，那么就没有以后的大唐了，低头是一种智慧，关键时刻真的能够关系到一个人的生死存亡。

懂得低头并不是委曲求全、窝窝囊囊做人，而是通过少惹是非、少生麻烦的方式绕过障碍，减少人生不必要的负面消耗，从而更好地展现自己的才华，发挥自己的特长。这样不仅能保命安身，甚至还可以成就一番伟业。我们不要觉得低头是一件丢脸的事情，也不要总是感觉吃了大亏，其实这都是一些“小心眼”的想法，能屈能伸才是大丈夫。低头做人是一种姿态，一种风度，一种超人的智慧，一种精深的哲学。懂得低头的人，才能于世态纷扰中坚持淡定从容的志趣，以平和达观的心态面对风云莫测的人生。

主动去吃亏，你才不吃亏

东汉时期，有一个名叫甄宇的人，时任太学博士，他为人忠厚，遇事谦让。

有一次，皇上把一群外番进贡的活羊赐给在朝的官吏，要他们每人领一只。

在分配活羊时，负责分羊的官吏犯了愁：这群羊大小不一，肥瘦不均，怎样分群臣才没有异议呢？

这时，大臣们纷纷献计献策。有人说：“把羊全部杀掉吧，然后肥瘦搭配，人均一份。”也有人说：“干脆抓阄分羊，好不好全凭运气。”就在大家七嘴八舌争论不休时，甄宇站出来了，他说：“分羊不是很简单吗？依我看，大家随便牵一只羊走不就可以了吗？”说着，他就牵了一只最瘦小的羊走了。

看到甄宇牵了最瘦小的羊走，其他的大臣也不好意思专牵最肥壮的羊，于是，大家都挑最小的羊牵，很快，羊就被牵光了，每个人都没有怨言。

后来，这事传到了光武帝耳中，甄宇因此得了“瘦羊博士”的美誉，称颂朝野。不久，在群臣的推举下，甄宇又被提拔为太学博士院院长。

甄宇牵走的是最瘦小的羊，这样看来他好像是吃了亏似的，其实不然，他不仅没吃亏，还得到了更大的收获，这就是所谓的“吃亏是福”。甄宇的品行受到了大家的认可，得到了群臣的拥戴、皇上的器重，所以说，他真的是收获颇丰。

海塞说：“认为自己是一个怎么都会吃亏的特殊人，这样的人所遭受的痛苦是没有人知道的，没有人理解的，没有人同情的。”我们都知道“吃亏是福”，可是我们也要会吃亏，而不是一味地勉强自己、委屈自己，也就是说吃亏是讲求方法的。

吃亏主要分为两种：主动吃亏和被动吃亏。“主动吃亏”是指你主动争取“吃亏”的机会，这种机会是指没有人愿意做的事、困难的事、报酬少的事。由于吃亏得不到现实的便宜，所以这种事情很少有人愿意掺和，面对这种情况你要懂得主动去接手，不计较当时的利益得失，这样下来你就会个人留下好的印象，大家都觉得你非常大气，做人真诚，是个可交的朋友，所以遇到好事也会首先想到你。最重要的是，你主动去做该做但常人不愿做的事情，也可以磨炼你做事的能力和耐力，这样一来，你不但懂得的比别人多，进步得也就比别人快，这是你的一种无形资产，别人绝对用钱买不到。“被动吃亏”是相对于“主动吃亏”而言的，很明显，它是一种不情愿的吃亏，只是不得不被安排去做一些事情。被动的吃亏是没有底线的，小到个人的一分一毫，大到像清政府签署的《马关条约》。也许你很不情愿，但形势所迫，也不得不接受了。

现实中，我们都知道吃亏是福的道理，可如果我们一直被动地去吃亏，那我们吃的亏就会越来越多，最后甚至使人感觉到懦弱。那么怎样吃亏才不会处于被动地位呢？很多时候需要我们主动地去吃亏，才可以扭转自己一直吃亏的状况。

刚刚来公司的时候，李海龙只是一个普普通通的小职员身份，可是经过几年的努力他已经成为了老板身边的得力助手，成为了分公司总经理。时至今日，李海龙之所以取得如此大的成就，是因为他总是设法使自己多做一点工作。

记得刚来公司工作时，李海龙发现每天大家下班后，领导会依旧留在公司工作到很晚，于是海龙也决定留在公司里。其实没有人要求李海龙留下加班的，只是他觉得自己也没什么其他要紧的事情做，希望留在公司一会儿，看看领导有什么需要帮忙的。领导在工作时经常需查找文件和打印材料，这些工作虽然简单却很烦琐。于是，李海龙主动请示领导，表示自己可以协助做这些工作。

李海龙并没有多获得一分钱的报酬，可是他一天一天的无偿付出却让他得到了其他老员工都羡慕的收获。由于经常陪着领导加班，所以在一点一滴的接触中，领导看到了李海龙身上的潜质和良好的工作态度，两人逐渐熟悉，他也得到领导的赏识，所以领导为他调拨了岗位。这为李海龙的进一步发展创造了非常好的条件。

只有多“主动吃亏”，才会少“被动吃亏”。话有点绕，可道理很简单：你抢先把“亏”吃了，别人也会不忍心辜负你。是的，在你“吃亏”的过程中，你收获了别人的认可，学到了更多的东西，那么我们何乐而不为呢？

无论是为人处世，还是在职场、商场，都要学会主动去“吃亏”，让人以小利，为得到大的收获埋下伏笔。吃亏是福，因为人都有趋利的本性，你吃点亏，让别人得利，就能最大限度调动别人的积极性，使你的事业兴旺发达。从整个人生来说，也是这样，年轻的时候多“主动吃亏”，年纪大的时候就会少“被动吃亏”。此外，你的“吃亏”让他人看到你的大度与谦让，你就会赢得更多的朋友，积累更广的人脉，朋友多了，你的路才会更加宽敞。

做人做事，“难得糊涂”

“难得糊涂”历来被推崇为高明的处世之道。该糊涂时糊涂，就等于给各种繁杂的事情涂上润滑油，使其顺利运转。糊涂哲学体现的是一种从容不迫的气度。所以说做人做事，就要做到该聪明时聪明，该糊涂时糊涂。这是一种自我保护的方法，也是一种处事的哲学。

汉宣帝是汉武帝的曾孙子，太子刘据的孙子，在几个月大的时候因为受太子刘据巫蛊案的牵连，被关在长安监狱里。当时丙吉正好负责审理这个案子，知道有隐情，便对皇曾孙特别照顾，派了几名女犯人专门哺育他。一天，汉武帝病了，听方士说，长安监狱里有天子气，于是下令把监狱里的犯人都处死，当然也包括皇曾孙。使者夜间到监狱时，被丙吉挡在门外。他说，无辜的人尚且不应该被杀，何况皇曾孙呢？僵持到天亮，使者没有办法，回去向汉武帝复命。汉武帝此时已过了心血来潮那股劲儿，听说是丙吉这样做的，也就不追究了，并且大赦天下。皇曾孙这才算保住了性命。

汉宣帝即位后，并不知道丙吉保全过自己的性命。丙吉自己也从来不说。后来有一个宫廷里参与其事的婢女，把这事讲了出去，汉宣帝这才知道丙吉对自己有这样的大恩，所以历史上评价丙吉，说他甘当无名英雄。

丙吉于皇帝有救命之恩，却不肯让皇帝知道，这在旁人看来真是糊涂至极，其实并非如此，反而可以说这是丙吉聪明的地方。丙吉虽然没让皇帝知道自己曾有恩于他，只凭他自己的努力，也已经当上了宰相，位极人臣，无以复加了。就算皇帝知道有恩于自己，又能怎样呢？也无法给他更高的官做。何况“自伐者无功”，当初是出于善心和道义救下汉宣帝，现在如果主动宣扬，那就是邀功之举，实际上可能会贬损自己。

由此可见，丙吉的做法，虽看起来糊涂，其实却是聪明之举。

东汉建安年间的杨修，可谓是才华横溢的聪明之人，然而却恰恰是他的聪明引来了杀身之祸。杨修是曹操的主簿。曹操建造花园时，动工前工匠们请曹操审阅花园工程的设计图纸，曹操看了什么也没说只在园门上写了一个“活”字。工匠们不解其意，忙去问杨修。杨修说：“丞相嫌园门设计的太大了。”工匠们按杨修的提示修改了方案。曹操见改造后的园门，心里非常高兴，问工匠们如何知道自己的心意的，工匠们说多亏了杨主簿的指点。曹操口中称赞杨修，心里却嫉恨杨修的才华。

一次，曹操与杨修骑马同行，当路过曹娥碑时，他们见碑上镌刻了黄绢、幼妇、外孙、齑臼八个字，曹操问杨修知道这八个字的意思吗？杨修正要回答，曹操说：“你先别讲出来，容我想想。”直到走过三十里路以后，曹操才说，“我已明白那八个字的含义了，你说说你的理解，看我们是否所见略同。”杨修说：“黄绢，色丝也，并而为绝；幼妇，少女也，并而为妙；外孙为女儿的儿子，合而为好；齑臼是放置辛辣物的容器，是受的意思，为辞。这八个字是‘绝妙好辞’四字，是对曹娥碑碑文的赞美。”曹操惊叹道：“尔之才思，敏吾三十里也。”

曹操平汉中时，连吃败仗。欲进兵，怕马超拒守。欲收兵，又恐蜀兵耻笑，心中犹豫不决。适逢庖官进鸡汤，曹操见碗中鸡肋，沉思不语。这时有人入帐，禀请夜间口令，曹操随口答“鸡肋！”杨修见令传鸡肋，便让随行军士收拾行装，准备归程。将士们问何以得知魏王要回师，杨修说：“从今夜的口令，便知魏王退兵之心已决。鸡肋，食之无味，弃之可惜。今进不能胜，退恐人笑，在此无益，不如早归。魏王班师就在这几日，故早准备行装。以免临行慌乱。”曹操早恨杨修才高于己，见杨修又猜透了自己的心事，便以扰乱军心为由而将他杀了。

才华横溢，智商超群，但从来不在人前夸耀自己或抬高自己，而是收敛智慧，低调为人，这样才能更好地保护自己。杨修的确聪明过人，但也实在是聪明过了头，做人做事有时候需要低调谨慎一点，正所谓“难得糊涂”。该聪明时聪明，该糊涂时糊涂。曹操性格善猜忌，报复心极强，杨修太过于展露自己的锋芒，让曹操感觉到智谋远过于己，并且有可能给自己带来损害，最终还是把他杀掉了。真可谓聪明反被聪明误，自逞聪明，引火烧身。

很多情况下，睁一只眼闭一只眼，你就成为最“糊涂”的聪明人了。凡事不要太钻牛角尖，不要太计较，也不要太逞能。其实有些时候，太认真反而会是一种羁绊。做人难，做明白人难，做糊涂人更难，关键是如何做到该糊涂时糊涂，不该糊涂时决不糊涂，如何把握好这个度，那就是一种处世智慧，一门学问。

第09章

人际交往多点心，用好你的朋友圈

朋友圈子的大小对一个人的见识有着很大的影响，很多时候你的人际关系能够决定你的未来。一个人的眼光如果放得足够长远，那么他就懂得去建立好自己强大的人际关系，并且不断去拓展延伸，迎接更有利的资源。人脉广虽然是好事，但也不能为利益去随便交友，交友要真心实意，不要带着有色眼镜去看人。所以说多交一些挚友，互帮互助，共同提升，这样朋友才会对自己的一生有着更为积极的影响。

好人缘让你拥有好未来

“朋友多了路好走”，多一个朋友，你就会多一条出路，相信很多人在生活中都深深切切地体会到了这一点。好的人缘能积累一定的人脉，对一个人的未来发展有着很重要的作用。谈及朋友，我们一般想到亲朋、同学、老乡、同事、朋友的朋友……人都是群居动物，想要在社会上生活的更好，肯定是离不开朋友的帮助的。如果要想办事顺利，就必须要有好人缘。人缘好的人，在社会上的形象就好，社会评价也高，因此托人办事也容易得到理解、支持、信任和帮助。好人缘是人们不能忽视的潜在财富。没有丰富的人脉，无论做什么事都将举步维艰。换句话说，你的人缘越好，朋友越多，你的力量也就越大，所以人缘是你能力的延伸。

强哥在当地商场上的名声还是挺响亮的，这几年生意做得是风生水起。但是强哥有一个问题就是“心狠”，他做生意从不给人留余地，可以说是六亲不认，辣手无情。在强哥的理论里主要信奉一句话，那就是“商场无父子”，久而久之，虽然强哥的生意做得不错，但是他也有缺憾，他没交下几个商场朋友不说，却得罪了不少生意伙伴。强哥经营的玩具厂所生产的大小型玩具大部分都是内销，因此他总是不择手段地排挤对手，抢占市场份额，有四家小玩具厂就曾吃过他的亏。更恶劣的是，强哥总是喜欢落井下石，当众嘲弄弱于他的竞争对手：看看你们一个个小小的厂子，如果不会经营，做不下去就趁早关门大吉吧！……强哥的朋友李哥曾劝他说："强哥，不要做得太过分。大家还是不要撕破脸好好相处的好，都是生意人何必这样说话招惹是非呢？"强哥却不愿听朋友的意见，"那又怎样啊？我敢说就不怕得罪！再说了他们也真是不自量力，还敢跟我抢市场！"一段时间后，强哥的仓库因为值班人员乱扔烟头着了火，十万余件玩具付之一炬。大小客户纷纷上门催讨货物，强哥想从其他玩具厂借一批应急，可由于平时关系弄得太僵，根本没有人肯借他；如果紧急生产的话，也没有材料，知道他出事之后，那些供应商根本没人愿意帮助他，其实也主要是由于平日里他把人都得罪了，这一出事，别人正好幸灾乐祸。最后实在没什么办法了，强哥只好变卖房产赔付高额的违约金，手下的员工也跟着一个个的离职，看着自己最后惨败的场景，强哥抱头沉思了好久。

从案例中我们可以看出，强哥根本不注重结交好友，人缘差，人际关系不好，所以说到了危急时刻，只能唉声叹息了。你不可能时时得意，所以得意的时候也不要骄傲自大、目中无人，其实，给别人面子就是给自己面子，给别人一个机会也就是为自己创造一个机会，我们何必逼人太甚？最终只能害了自己罢了。所以说，人脉对于推动我们事业的发展是非常重要的，我们无论做什么事都要注意培养人脉，即便是在竞争激烈的生意场上也要如此。

小景和阿亮是大学同学，大学毕业之后他们同时被一家公司应聘，随之两人的关系就从同学变成了同事。论才干，小景和阿亮可以说是不分上下，但阿亮嘴甜、活络、会来事儿，小景却有点木讷。就是这一点差别，让两人的地位很快发生了变化。刚进单位时，林经理就对他们说：“有些事情我要跟你们说明白，你们只能通过自己的本事来取得成绩，获得晋升，歪门邪道是绝对行不通的！”小景和阿亮一直都挺有才能的，试用阶段的工作完成的都很不错，林经理还特意表扬了他们一次。一段时间后，阿亮已经不是刚进公司时的那个阿亮了，他成了办公室里的大红人：公司里谁的电脑出现异常谁就招呼阿亮帮忙；中午吃饭时间到了，他们也招呼阿亮一起聚餐；打球的时候，他们也约着阿亮；同事家的孩子需要帮助辅导功课，阿亮也主动提出帮忙；林经理喜欢瓷器，他就托人从老家带来他们那里的陶瓷精品送林经理……就这样，单位里每个人都夸阿亮好，林经理也觉得阿亮工作成绩好，才能出众，又不浮躁，作为年轻人，实在很难得。一年之后，林经理就给阿亮升了职，结果不但没有人非议，大家还都夸林经理是伯乐，慧眼识珠，像阿亮这么优秀的年轻人早该提拔了，从此林经理更器重阿亮了。小景呢？他一直默不作声，别人有什么事情他也不主动帮忙，平日里也不喜欢跟大家谈心说话，所以慢慢地他好像就淡出了人们的视野。尽管小景的能力也很不错，但因为人脉太差，他很难得到让自己充分发挥才能的机会。

人脉不是金钱，但它却是一种无形的资产；人脉不是珠宝，但它却是一笔潜在的财富。一个人所拥有的人脉资源越丰富，他所蕴含的能够发大财的能量就越大。卡耐基曾经说过："一个人事业的成功，15%基于他的专业技能，85%则取决于他的人际关系。"任何时候你都要明白这样一个道理：成功的事业和好人脉是分不开的，能够积极拓展人际关系的人，才能幸运地获得成功。

乐于助人，朋友多了路好走

做学问有句话叫作"书到用时方恨少"，意思是说我们平时应当勤学好问，努力学习，多去增长知识，这样等到真正用到知识的时候，才不会手忙脚乱地去翻书。交友不也是这个道理吗？平日里不与人产生交集，别人有事情需要帮忙也不懂得伸出援手，一个人独来独往，那么当你有需要用人的时候，真的是不知道找谁帮忙了。所以说，平日里我们还是要学会与人为善，真诚待人，多交几个朋友，因为我们都听过一句话，"朋友多了路好走"。

一个人到天堂和地狱参观，他发现一个奇怪的现象：天堂和地狱里的人都坐在同样的桌子上，用着同样的餐具，吃着同样的饭菜，但是，天堂里的人满面红光，精神愉快；而地狱里的人却面容憔悴，精神委靡。

这是什么原因呢？后来，这个人无意中发现，天堂和地狱里的人用来吃饭的餐具都是两米长的勺子：地狱里的人用勺子盛了丰盛的饭菜给自己吃，但是，由于勺子柄太长，怎么也吃不到勺子里的饭菜；而天堂里的人呢？他们舀起饭菜不是给自己吃，而是给别人吃，这样，每个人都乐于把自己勺子里的饭菜给别人吃，每个人都吃得红光满面。

原来，天堂和地狱的区别就在于人与人之间是不是互相帮助。天堂里的人个个懂得为他人着想，生活过得非常美好；而地狱里的人，个个非常自私，只想到自己，结果过得非常凄惨。

地狱的人不懂得帮助别人，到最后只能落下个活活饿死的场景，而天堂的人懂得利人利己的道理，所以生活得非常舒心。如果你自私自利只想着自己，不懂得对他人伸出援助之手，那么到你需要帮助的时候，你就会明白你的处境会怎样了。

杰克是从父亲的手中接过这家食品店的，这是一家古老的食品店，很早以前就在镇上很出名了。杰克希望它在自己的手中能够发展得更加壮大。

一天晚上，杰克在店里收拾货物清点账款，第二天他将和妻子一起去度假。于是他打算早早地关上店门，以便为外出度假做准备。突然，他看到店门外站着一个面黄肌瘦的年轻人，他衣服褴褛、双眼深陷，一看就知道是一个典型的流浪汉。

杰克是个热心肠的人。他走了出去，对那个年轻人说道：“小伙子，有什么需要帮忙的吗？”

年轻人略带点腼腆地问道“这里是杰克食品店吗？”他说话时带着浓重的墨西哥口音。“是的。”

年轻人更加腼腆了，他低着头，小声地说道：“我是从墨西哥来找工作的，可是整整两个月了，我仍然没有找到一份合适的工作。我父亲年轻时也来过美国，他告诉我他在你的店里买过东西，喏，就是这顶帽子。”

杰克看见小伙子的头上果然戴着一顶十分破旧的帽子，那个被污渍弄得模模糊糊的“大”字形符号正是他店里的标记。“我现在没有钱回家了，也好久没有吃过一顿饱餐了。我想……”年轻人继续说道。

杰克知道了眼前站着的人只不过是多年前一个顾客的儿子，但是，他觉得自己应该帮助这个小伙子。于是，他把小伙子请进了店内，好好地让他饱餐了一顿，并且还给了他一笔路费，让他回国。

不久，杰克便将此事淡忘了。过了十几年，杰克的食品店越来越兴旺，在美国开了许多家分店，他于是决定向海外扩展，可是由于他在海外没有根基，要想从头发展也是很困难的。为此，杰克一直犹豫不决。

正在这时，他突然收到一位陌生人从墨西哥寄来的一封信，原来写信人正是多年前他曾经帮助过的那个流浪青年。

此时那个年轻人已经成了墨西哥一家大公司的总经理，他在信中邀请杰克来墨西哥发展，与他共创事业。这对于杰克来说真是喜出望外，有了那位年轻人的帮助，杰克很快在墨西哥建立了他的连锁店，而且经营发展得异常迅速。

人脉的建立有时候真的挺简单的，人心换人心，你用心去对待他人，有时候哪怕是一个小小的帮助，说不定就会在你困难的时候回馈给你一个大大的“拥抱”。爱心多一点，帮的不是别人，而是你自己。

这个社会处处充满着竞争，但也处处充满着合作，做人做事，这两个方面不可缺失一方，合理把握好竞争与合作的利害关系，你才能更好地经营好自己的未来。没有人愿意成为一座孤岛！当你不愿意分享、帮助、成就别人的时候，你就会慢慢地变成一座孤岛。单凭自己的能力无法高飞、翱翔。每个人都需要别人的帮助，发展才能有更大的空间。

知心朋友，无关利益

在这个时代里，人们都知道人际关系的重要性。但遗憾的是，当整个社会都在谈人际关系的时候，反而没有真正的人际关系可言。因为我们只是把人际交往当成了工作，与感情无关，很多交际俨然成了利益的需要。倘若没有了利益，似乎交际也没有多大意义了。

培根说过：虚伪的友谊就像你的影子，当你在阳光下时，它紧紧跟随；一旦你走进黑暗时，它立刻摆脱你！人一生会遇到很多朋友，但并不是每一个人都是你的挚友，那么什么是真正的朋友呢？一个好朋友，当看到对方的错误时，会真诚地指出，当朋友遇到好事时，会真心地感到高兴，当朋友遭受痛苦的时候，会守在朋友的身边，鼓励他、支持他。这才是真心相待的朋友。

陈琪琪毕业以来已经在社会上混得不错，如今已经是一名经理。多年来，陈琪琪接触的大都是事业有成甚至小有名气的客户群。正常来讲，身处如此成功的大环境，有着实力较为雄厚的人际圈子，她的生活应该是更为舒适。

可是现实却与人们想到的有所不同。

这些年来，陈琪琪的名片夹子里已经装满了各个合作伙伴、客户的名片，就连自己的手机和电脑里也是好多的联系方式。不管是平日的聚会还是其他商务伙伴的交际活动，陈琪琪的应酬能力真的是得心应手。看似热闹，但背后的孤独也许只有自己才知道。除了工作上的联系，陈琪琪在这座城市里的朋友并不多，平日里多忙于商场上的社交，自己根本没时间去联系之前的朋友、同学，因此长时间下来她和之前的好闺蜜们也是渐渐疏远，甚至找男朋友都是一个难题。有时候生活上有什么需要的时候，看着联系人里的朋友，陈琪琪感觉到非常无助，已经到了不知道联系谁的地步。遇到困难想找个闺蜜谈谈心，可是看看她们，自己已经好久因为忙而不去联系了，所以也不好意思给她们打电话。每周约会很多人，但没有一个是可以说话的知心朋友。每天都会认识很多新的人，但绝大部分都只是一面之缘，下次有事需要联系的时候跟陌生人没什么两样。渐渐地，陈琪琪觉得自己的生活除了商场上的利益朋友，已经没什么可以说得来的人了，对此她感觉非常苦闷。

朋友是我们一生中最重要的伙伴，他们是生活中的良师益友，是事业中坚强的后盾，总是在我们最需要帮助的时候挺身而出。但是，复杂的社会已经让这种真心的友情渐渐地消失了。朋友们，不管你多忙，都不要忘了朋友，疏远了朋友。如果你身边还有一些不为自己利益、真心对待你的朋友，请好好珍惜他们，因为他们就是你人生最大的财富。

有段时间，任文文忙得焦头烂额，一方面公司最近的任务比较紧张，自己整天都要费心的盯着；另一方面，任文文的孩子生病刚好，也需要自己的好好照料。此外，任文文每天下班后，还要做一家人的饭菜。于是为了能按时下班，任文文上班时总是抓紧时间，把能忙完的都尽快忙完，有时候连喝口水都要等有空才行。

由于压力大，任文文的情绪也变得容易激动起来，有时候和她丈夫李成才说上几句，就开始争吵，吵着吵着，小吵变成了大吵，两人说话也变得肆无忌惮起来。有一次吵架时，任文文甚至一怒之下提出离婚，李成也毫不犹豫地回应她："无所谓，我还受够了呢！抓紧离！"说完李成就冲出了门，去找自己的朋友了。

任文文一人在家照顾孩子，想到李成居然那么爽快就同意离婚，文文就感到一股怒气在心里无法排解出去，但又怕自己发脾气会吓到孩子，于是拔通了好朋友丽丽的电话：在电话里，任文文向丽丽叙述了一遍自己和李成吵架的经过，又向丽丽倾诉自己最近遇到的压力和烦恼。丽丽善解人意地听完文文的叙说，又对她进行了一番劝慰。结束通话后，文文心里的怒气消减了许多。再仔细回想一下，发现之所以会和李成吵架，很大一部分原因出在自己身上，于是主动给李成打了一个电话，为自己的言行道歉。李成没想到老婆会主动跟自己道歉，很感动，于是也在电话里检讨了一番，并当晚就回家了。

古人有一句名言：人生得一知己足矣。知己者，真朋友也。人在社会生活中不能没有朋友，最难得的是推心置腹、可以生死相托的知心朋友。假如一个人连个说说知心话的朋友也没有，那么这个人真的是太孤单了，他的生活也一定是很糟糕。就像案例中，如果没有一个真心朋友，文文的委屈就没有人哭诉，也不会被安慰。和丽丽谈谈心之后，文文的心情好了许多，也想开了许多，因此一场婚姻得以挽留。

如果抱着作戏的心态，那么根本就不可能交到真朋友。因为这个世界上的人，都是你怎么对他，他就会怎么对你。你付出什么，必将收获什么。所以，如果想要维系一段友谊，那就用心交友，以心换心，不要图谋他人什么，也不要伤害自己的知心朋友。如果你的身边有真心待你的好友，那就牢牢地维系住这段情谊吧！

擦亮眼睛，不交损友

孔子曾经说过："益者三友，损者三友。友直，友谅，友多闻，益矣；友便辟，友善柔，友便佞，损矣。"这句话的意思讲的是，在朋友当中会有三种对自己有益的朋友，有三种对自己有害的朋友。三种有益的朋友是为人正直、诚实守信、知识渊博的；三种有害的朋友是口蜜腹剑、阿谀奉承、当面一套背后一套、善于花言巧语的。多交朋友是好事，但是不能乱交一些不靠谱的朋友。俗话说："近朱者赤，近墨者黑。"朋友对一个人的成长有着很重要的意义，好友能让你积极向上，有着带动自己前进的正能量；损友却容易把自己引入歧途，对一个人的健康成长是不利的。在心理学上，这种现象被称做"链状效应"，它是指人在成长过程中会受到周围人的影响，在不知不觉间被周围人同化。所以，我们要擦亮眼睛，认识其中利害关系，交友要谨慎。

下面这个故事将会告诉你乱交朋友的危害：

住进戒毒所以后，娇娇的头脑才逐渐清醒，她终于认识到交友不慎的后果了。

曾经的娇娇热情开朗、可爱清纯，无论走到哪里总能交到贴心的朋友，好姐妹不计其数。其中一些好姐妹是在迪厅结识的。那天，娇娇跟着一个室友去迪厅体验生活。在那里，娇娇意外地结识了一群活泼的女孩子，并被她们身上的叛逆劲儿给深深吸引了。毕竟在这之前，娇娇从来都没有接触过这样的人，看着她们在迪厅里舞动身姿，跳得那么投入，娇娇被她们吸引了。于是，她不顾室友的提醒，毅然地走进了她们的圈子。

在娇娇看来，和这些叛逆的女孩子交往也没什么不好。活得很潇洒，至于被她们带坏，那是不可能的事情，她相信自己还是有原则的，只不过是想跟她们在一起寻开心罢了。就这样，娇娇经常参加她们的活动，和她们一起唱歌、逛街，甚至一起吃饭、睡觉。刚开始，听到她们说着粗野的话，她就在一边偷笑，觉得很好玩儿，渐渐地她就被传染了，也开始不自觉地说起脏话来，原本说话细声细气的她现在不亚于高音喇叭，她的这些变化让室友很吃惊，提醒她不要再和那些人来往，可是她哪里听得进去，还劝室友不要把人想得太坏。

终于有一天，娇娇受她们的诱惑开始吸毒了。刚开始，她只是觉得好奇，看着她们把白粉吸进去之后那舒服的样子，她就忍不住想试试，谁知很快就上瘾了。从那以后她对毒品的依赖程度越来越严重，最后居然开始注射毒品，要不是及时被警方发现，送去戒毒所强制戒毒，她现在恐怕已经被毒品折磨得不成人形了。

娇娇的遭遇真让人痛心，因为交友不慎，一个好端端的女孩子居然走上了吸毒之路，断送了自己的前程。

如果结交的是益友，她们会将你带上违法犯罪的道路吗？所以说，我们交友一定要保持清醒，不要乱交一些乱七八糟的朋友，否则误入歧途，后果不堪设想。

交什么朋友，怎样交友，这是一个问题的两个方面。朋友有君子，有小人，交友也有君子之交和小人之交。君子之间的友谊平淡清纯，但真实亲密而能长久。小人的友谊浓烈甜蜜，但虚假多变，经不起时间的考验。好朋友是建立在互相理解、互相关心、互相帮助的基础上的，彼此之间存在着为对方着想的真正感情，能够经得起时光的打磨，能够患难与共。而小人之交是建立在私利的基础上的，平时甜言蜜语，关键时刻背信弃义，甚至乘人之危，落井下石。所以在交友时一定要慎重，“亲君子，远小人”。

打造好自己的形象

有人说：“形象如同天气一样，无论是好是坏，别人都能注意到，但却没有人告诉你。”我们在平常生活与交往中的一个简简单单的动作、一个神情、一个外貌形象都能给人传递出一种精神状态，带给他人一定的印象。有时候一个形象是一个人内在气质的反映，良好的形象有助于增进人际关系，营造和谐气氛，令你在社会中左右逢源，无往不利，从而促进你的成功。所以说，我们要懂得打造好自己的形象，不仅要注意自己的外在形象，更要注重内在气质和心态的培养，做一个充满形象魅力的人。

英国BBC电视台曾经播放过这样一个节目，有一个心理学家，为了证明一个人的外在形象对个人生活的巨大影响，选择了一组陌生人，进行了一次有趣的试验。

试验在一家咖啡馆里展开，心理学家在宽大的咖啡馆里仅仅放了三张桌子，每张桌子前仅安排一个人。这三个人形象和性格大相径庭：第一位，是一名心态乐观、干净利落、热爱生活的中年男子，他的胡子剃得干干净净，衣服整齐洁净，身上还散发着淡淡的男士香水的味道；第二位，外表英俊潇洒，但性格忧郁腼腆，总喜欢皱着眉头，没精打采，虽然年轻，却毫无活力；第三位，是一个不喜言谈，只对专业知识感兴趣的秃顶老教授。

心理学家在这三个人面前，各放了一杯咖啡，并让他们各自拿着相同的当日报纸，坐在桌子前低头看报。在后面的试验中，站在吧台后的心理学家看到了非常有趣的景象。在一上午的时间里，咖啡馆里先后走进了六名顾客，这六名顾客在购买了咖啡之后，对于究竟坐在哪张桌子前喝咖啡，做出了大体一致的选择。六名顾客中，只有一名顾客坐在了老教授旁边，其余五名顾客都坐在了那位积极热情、周身散发着淡淡的男士香水味道的中年男子身旁，其中，还有两位顾客主动与他攀谈。

测试结束后，心理学家分别对六名顾客进行了调查，发现他们之所以选择坐在这位干净利落的中年男子身边，就是因为他让人“看起来很舒服”。心理学家紧接着对这三位测试对象进行了调查，他竟然发现，中年男子的确是一个非常幸运的人，他热爱生活、积极乐观、工作顺利，经常和朋友们一起购买体育彩票，偶尔还会中奖。而那个忧郁的小伙子，因缺乏自信，工作不算顺利，个人情感更是一塌糊涂。而那个只对专业知识感兴趣的老教授，平时就很少与人接触，缺少与人沟通的经验。

看完这个实验，我们应该明白一个人拥有良好的形象是多么的重要，你由内而外散发的气质能够给人带来一定的舒适感，而这将会使你在人际交往中受益。红顶商人胡雪岩有一次面临生意上的一个很大危机。他在上海新开业的商行遭到当地商人的联合挤兑，不久就波及到了大本营杭州。一些大客户生怕胡雪岩垮台，闻风而动，都准备中止和他的生意往来。

这天胡雪岩从上海回来，他们悄悄躲在暗处观看，以为会看到胡雪岩灰头土脸的样子。结果让他们失望了，他们看到了一个衣甲鲜亮、精神抖擞的胡雪岩。

他们还不放心，又跟踪胡雪岩到他的商行去。他们认为胡雪岩会暂停生意进行整顿。可是胡雪岩的商行不仅没有关闭，而且他还亲自坐镇，在柜台上悠闲自得地喝起茶来。这一下子令他们糊涂了，一个人遭受这么大的打击，竟然还能够如此镇定从容？最终，胡雪岩的气度征服了他们，他们又对胡雪岩恢复了信心。

其实，当时胡雪岩的处境已是山穷水尽，就是凭他那坚如磐石的好形象，才稳住了糟糕的局面。

总之，形象在社交生活和个人事业中都起着至关重要的作用，我们每个人都应该树立自己的形象意识，从一点一滴做起，逐步建立自己的好形象，并充分运用形象这个好武器去开拓和创造自己辉煌的事业和完美的人生。

第10章

时刻稳住心神，不急不怒不浮躁

心情的舒畅与豁达是自己创造的，美好的人生也是靠自己努力得到的。要想好情绪时刻相随，我们就要学会用一颗平常心来对待生活，做到不急不怒不浮躁。人生难得保持一颗平常心，这是一种极高的修养，也是一种处世的智慧，为此我们需要做的还有很多。因此在生活中我们要学会调控自己的情绪，遇到问题不要着急乱了分寸，处事冷静而理智，远离浮躁，不要预支自己的烦恼，慢慢地，我们的心就会越发的平静。

控制情绪，方能主宰人生

哈佛大学心理学教授丹尼尔·戈尔曼博士指出：“一个人了解自己情绪的能力和控制自己情绪的能力，对一个人未来的影响，比他的智商更重要。”从这句话我们可以看出情绪对于一个人的未来有着不可小觑的意义。人是有情绪的，情绪是伴随着人们的思维而产生的，情绪上或心理上的困扰是由于不合理的、不合逻辑的思维所造成的。情绪如果不加控制，它将会泛滥成灾，甚至造成无法挽回的悔恨。我们做人的一个原则，其实就是要求我们控制住自己的情绪。控制不了自己的情绪，就是任性的人。一个任意妄为的人是走不了多远的。

1997年12月，英国路透社的报纸上出现了一张查尔斯王子和一个蓬头垢面的街头流浪汉的照片。这并不仅仅是查尔斯王子亲民形象的写照，还是一段让人感到惊讶的故友重逢。这位街头游民对查尔斯王子来说不是陌生人，而是老朋友。

原来，查尔斯王子在寒冷的冬天去慰问伦敦的穷人时，意外地碰到了自己儿时的足球球友。当时，王子并没有认出他来，而是由这位名叫克鲁伯·哈鲁多的游民先开的腔。当王子来到他面前时，他说：“殿下，我们曾经就读同一所学校。”王子仔细地看了看他，却没有认出来，只好迷惑不解地问：

“我们是哪个学校的校友？”他回答说：“在山丘小屋的高等小学里，当时我们两个是非常要好的朋友，我和你还曾经互相取笑彼此的大耳朵呢。”

王子的同学竟然流落街头，让人看到之后，难免要唏嘘一番。其实，克鲁伯·哈鲁多以前不是这个样子的，他出身于金融世家，就读于贵族学校，后来成为著名的作家。但是，在经历了两次失败的婚姻后，他就在抱怨妻子的冷漠无情中开始了堕落。从此以后，他再也没有兴趣写东西了，而是把大量的时间都用在了酗酒上，常常在喝醉之后号啕大哭，埋怨社会不公平，咒骂妻子的不忠诚。时间久了，他把所有的家产都败光了，不得不走向街头做了一名食不果腹、衣不遮体的流浪汉。

一个成功的人必定是有良好控制能力的人。控制自我不是说不发泄情绪，也不是乱发脾气，过度压抑会适得其反。良好的控制自我就是不要凡事都情绪化、任由情绪发展，而是要适度控制，这是一种能力的体现。克鲁伯的失败不在于其他方面，而是由于没有控制住自己的情绪，他任由自己在失败的婚姻中堕落，不断酗酒，才导致一步步丧失了人生的斗志。他没有把控住自己的情绪，而是被负面情绪包围，因而无法主宰自己的命运。

大学毕业之后李小雨来到一家期刊出版公司面试编辑，经过一番考核，她以优秀的表现战胜了其他的有经验的面试者。周一，李小雨来到公司上班，她感觉很不适应，特别是当那些排版人员、老编辑、文案之类的人动不动就唤她去打杂时，小雨就会不由得“怒从心头起”，觉得很没尊严。

其实在面试的时候主编已经跟小雨打过招呼，预见过这种情况的发生，但是事情真的发生的时候，却没有想象中那么容易控制自己的情绪。有时候，小雨非常生气地做着一些工作，又要笑容可掬地向有关人员汇报说：“您好，任务已经完成了，您看看是否合适！”这样反复扮演着违心的角色，时常令性情暴躁的李小雨自己都感到恶心。有一次小雨实在忍无可忍，就跟同事吵了起来，这件事情过后，其他的人也不再与小雨交流。

有一次，主编忙不过来，就点名叫李小雨到他办公室去整理一下办公桌，打印一些资料，并让小雨沏一杯茶。虽然不情愿，但是主编招呼了，李小雨只好硬着头皮去了，主编一眼就看出了小雨的不满，一针见血地指出：“小雨啊，你是不是很不乐意做这些事情呢？其实这些是你必须做的，在你打杂的过程中你就不断与同事接触，这样会尽快融合你的人际关系。此外，你认为做的都是打杂，其实这是熟悉业务的过程，这能很快让你了解到公司的各个任务，你必须从这些做起。”

小雨顿时间明白了许多，她的脸瞬间红了下来。于是她抓紧投入到工作中。

开始整理主编的桌子的时候，小雨发现桌子上有一盆黄沙，细细柔柔的。小雨觉得奇怪，不知道这是干什么用的。

主编似乎又看出了小雨的疑虑，伸手抓了一把沙，握拳，黄沙从指缝间滑落。他神秘地对小雨一笑：“小雨啊，每个人都有负面情绪的，我也不例外。其实，我以前和你一样，但是我早已学会控制情绪，不然怎么熬到今天这个主编的位置呢！”

原来，那一盆沙子是用来“消气”的。一旦主编想发火时，可以紧握沙子，它会舒缓一个人紧张激动的情绪。临走时主编拍拍小雨的肩膀说：“控制不住自己的情绪，你就无法把控自己的人生方向。”

学会控制情绪，也就是学会变得成熟。善于控制情绪是一个人成熟的表现。成熟就是以一种包容、平和的心态面对生活，而不是像个幼稚小孩子。你可这样去暗示自己：无论面对怎样的人生处境，总是有一种最好的选择。我要用理智来控制情绪，而绝不能让情绪主导我的行动。只要我善于控制自己的情绪，我就是战无不胜的人。

你可以左右自己的心情

英国圣公会主教的墓碑上写着这样的一段话：“在我年轻的时候，我曾梦想改变整个世界。可当我成熟以后，我却发现，我不能够改变整个世界。于是，我将目光放短了一些，那就只改变我的国家好了！可当我到了暮年的时候，我发现我根本没有能力改变我的国家。于是，我最后的愿望仅仅是改变我的家庭、我亲近的人，但他们根本不接受改变。当我行将就木地躺在床上的时候，我才突然意识到：如果起初我只改变我自己，接着我就可以依次改变我的家人；然后，在他们的激励下，我也许就能改变我的国家；再接下来，谁又知道呢？也许我真的连整个世界都可以改变。”当你觉得你和外在的环境格格不入的时候，当你总是觉得事事不顺的时候，不要继续烦闷下去了，我们要明白改变别人、改变环境是比较困难的，这时候不如改变自己吧！你无法改变天气，但你可以改变心情；你无法延伸生命的长度，但是你可以拓宽生命的宽度。希望我们都能不断完善自己，时刻保持健康向上的良好情绪。

中国台湾画家黄美廉，从小就患上了脑性麻痹症。这种病的症状十分惊人，因为肢体失去平衡感，手足会时常乱动，嘴里也会经常念叨着模糊不清的词语，模样十分怪异。医生根据她的情况，判定她活不过6岁。在常人看来，她已失去了语言表达能力与正常的生活能力，这辈子不会有前途、更不会有幸福了。但她却坚强地活了下来，而且凭着顽强的意志和毅力考上了美国著名的加州大学，并获得了艺术博士学位。她靠手中的画笔，还有很好的听力，抒发着自己的情感。

黄美廉出名之后，有很多学校慕名邀请她去做励志演讲。在一次演讲中，有一个学生贸然向她提出了一个很不礼貌的问题：“黄博士，您从小就长成这个样子，请问您是怎样看待自己的？您对命运、对生活有过怨恨吗？”在场的人听了之后，都觉得这个学生太不懂事了，竟然问出这么大不敬的问题。不过，黄美廉并没有半点不高兴，她转身用粉笔在黑板上写下了几行字：

一、我好可爱！

二、我的腿很长很美！

三、我的爸爸妈妈都很爱我！

四、上帝这么爱我！

五、我会画画！我会写稿！

六、我有一只可爱的猫！

忽然，教室内变得鸦雀无声，非常安静。等她写完转过身来的时候，人群中爆发出热烈而又持久的掌声。

不管外界如何看自己，不管自己先天条件多么不足，黄美廉始终保持自己的微笑。正如她所说的“我只看我所有的，而不是看我没有的”，是啊，何必自寻烦恼呢？事实无法改变，悲伤过度也于事无补，既然这样为何不去开心一点地活着，多看看自己的优点呢？很多事情你是无法改变的，但是你可以调整自己看待问题的心态，心态好了，你的世界才会更加明朗。

我们左右不了风，但是我们有聪慧的大脑可以思考克制风的方法。所以说，与其抱怨难过外界的困难，不如用自己的行动去改变它。当事情朝着自己改变的方向发展时，我们的内心也会变得更加积极主动，遇到困难也不再畏惧或沮丧。

平常心对待生活

如果生活真的是一帆风顺，那么没有波澜的日子也许是单调枯燥的，正因为生活有苦有甜，所以我们的日子才更有滋有味、绚丽多彩。在跌宕起伏中保持一颗平常心很重要。“不以物喜，不以己悲。”是从古代就留下来的至理名言，宠辱不惊，去留无意，在平淡中给自己一分力量，在喧闹中给自己一分宁静。保持平常心，就是保持一种轻松平和的心态，正确地看待自己，宽容地对待别人。努力与周围的环境保持和谐。一个人能够保持轻松平和的心态，就能不被物欲束缚住心灵、不被狭隘遮住视线。

山姆是一个画家，而且是一个很不错的画家。他画快乐的世界，因为他自己就是一个很快乐的人。不过没人买他的画，因此他想起来会有些伤感，但只是伤感一会儿。

“玩玩足球彩票吧！”他的朋友劝他，“只花2美元就可以赢很多钱。”

于是山姆花2美元买了一张彩票，并真的中了彩！他赚了500万美元。

“你瞧！”他的朋友对他说，“你多走运啊！现在你还经常画画吗？”

“我现在就只画支票上的数字！”山姆笑道。

山姆买了一幢别墅并对它进行一番装饰。他很有品位，买了很多东西：阿富汗地毯，维也纳柜橱，佛罗伦萨小桌，迈森瓷器，还有古老的威尼斯吊灯。

山姆很满足地坐下来，他点燃一支香烟，静静地享受着他的幸福，突然他感到很孤单，便想去看看朋友。他把烟蒂往地上一扔——在原来那个石头画室里他经常这样做，然后他出去了。

燃着的香烟静静地躺在地上，躺在华丽的阿富汗地毯上……一个小时后，别墅变成火的海洋，它被完全烧毁了。

朋友们很快知道了这个消息，他们都来安慰山姆。“山姆，真是不幸啊！”他们说。

“怎么不幸啊？”他问道。

“损失啊！山姆你现在什么都没有了。”朋友们说。

“什么呀？不过是损失了2美元。”山姆答道。

倘若一般人面对如此大的反差，想必心脏已经受不了了。我们不得不佩服山姆的好心态，是啊，虽然一场大火把他得到的一切意外之财全部烧毁了，但是他只不过损失了2美元，为何要痛不欲生呢？这本来就是幸运得到的，想想确实没这必要。倘若每一个人都如山姆一样拥有如此的好心态，用一颗平常心去看待一切得与失，那么生活中的忧愁与烦恼想必会少很多。

烈日下，有一株成熟的蒲公英保持着直立的姿势。它的顶部有一个毛茸茸的球，这是它的种子。它在等待风的到来，只要风吹过，自己的孩子就会随风找到属于自己的那一片土地。

蒲公英感知到了沉闷的空气，知道将会有大风到来。它唤醒了沉睡中的孩子，对它们说："孩子们，大风就要来了。等到风来的时候，你们要用全力随风飞舞。飞到哪里，哪里就是你们未来的家。"

有一粒种子很是害怕，它嘟囔着："风要把我们带离，我才不要离开妈妈，我要一直和妈妈在一起。"

蒲公英妈妈笑着说："傻孩子，你已经长大了，你得拥有一片属于自己的天地。"

又有一粒种子小声抽泣起来，它对妈妈说："妈妈，我们在乘风飞翔的时候，并不一定都能找到适合生存的土壤：有的可能跌落到柏油路上，有的可能摔在山石上，有的可能淹没在小溪里……而这些可能极大地降低了我们生存下去的可能性。想起来就觉得十分可怕！"

听到这样的话，其他蒲公英也都泣不成声。为了安慰、鼓舞孩子们，蒲公英妈妈亲切温和地说："孩子们，我们四处为家，没有选择的权利。我们需要的就是保持一颗平常心，无论飞到哪里，碰到什么样的境遇，都要在自己降落的位置上拼命地活下去。"

孩子们听了蒲公英妈妈的劝告，点了点头。稍后，一阵风吹过。这些种子便都勇敢地飞向远方，寻找属于自己的天地……

是啊，种子无权选择将飞向哪里，却能够自由选择自己生活的心态——拥有一颗平常心，让自己无论处于什么样的境地都能够生活得更轻松、更快乐！

成功不值得骄傲，那不过是人生的一个驿站，我们不知道走出驿站的下一步是什么；失败不值得伤心，那不过是一不小心走错的一段路，纠正方向从头再来；失意不要沮丧，一年四季里，总有风和日丽的时候。拥有一颗平常心并不是口头说说那么简单，需要我们在生活中不断磨炼自己，不断提醒自己，用自己的智慧与行动成就更为坦然的心态。人生在世，生活中有褒有贬，有毁有誉，有荣有辱，这是人生的寻常际遇，不足为奇。古往今来万千事实证明，凡是有所成就者无不具有“荣辱不惊”这种极宝贵的品格。荣也自在，辱也自在，一往无前，否极泰来。

沉下心来，远离浮躁困扰

《读者》有一篇非常优秀的文章叫《大器》，作者是琴台。内容如下：

在电视上看到小提琴的制作流程，心有所动。

制作一把精美的小提琴，木料的选择是关键。木匠在选择木料时，非常在意年轮的多少。在他们看来，每棵历经岁月洗礼的大树中都藏着一个精灵，而这个精灵，正是一把小提琴的灵魂。

选准了木料之后，木料要在阳光下风干两年，使含水率低于10%。风干的木料被切割成木板之后，放入一个漆黑的、终年不见阳光的房间，好像大师的闭关修炼，根除杂念，凝聚精魄。这段静默岁月要持续四到五年。经过这么长时间的韬光养晦，本来混沌的木板逐渐有了灵异之气，凝聚在木头中的精魄变得纯净而空灵。万籁俱寂中，那些曾经在大自然中吐纳的自然之气和百鸟之声，沙漏一样滴滴答答地从木头中渗透出来。老练的木匠，这时可以从一块普通的木板中，听出一把小提琴的音质。

这样的修炼，极易让人联想到世人眼中的“大器”。

舍得放弃纷繁红尘中的诱惑和热闹，舍得放下你侬我侬中的情深和意长，舍得让自己从一个八面玲珑、颇受欢迎的“人精”蜕变成呆若木鸡、锦衣夜行的隐者，除此，还要忍受漫长的寂寞和孤单，面对随时来袭的彷徨和绝望、讥讽和嘲笑……而这样的人，注定是不多的。他的内心，时刻都有灵魂的清悦之声在激荡，这是命运赐予追梦人的最崇高的现世享受。而这样的清越之声，有的人一辈子都无从知晓。

文章字字句句发人深省，可谓是颇有深意。在这个物欲纵流的社会里，又有多少人能够按捺住自己的那颗浮躁不堪的心啊！都想成大器，可是谁又能坚守住自己的梦想，谁又能熬得住寂寞，谁又能理得清自己的头绪。遇事“沉住气”，处事不浮躁，想必这是一个成功者必备的素质吧。

1946年，他17岁，辞别舅父，开始自己的创业道路。结果他屡遭失败，几次陷入困境。但这个时候，他仍然不浮躁、不悲观，而是踏踏实实地一步一步往前走。终于，1950年夏，才22岁的李嘉诚创立了长江塑胶厂。这也是他稳健地思考观察的结果。他通过分析，预计全世界将会掀起一场塑胶花革命，而当时的香港，塑胶花是一片空白。可以说，他有审时度势的判断力。而这审时度势的判断力，亦来自于他的稳健与不浮躁。在工厂经营到第七个年头的时候，李嘉诚开始放眼全球。他大量寻求塑胶世界的动态信息。一天，他翻阅英文版《塑胶杂志》，读到一则简短的消息：意大利一家公司已开发出利用塑胶原料制成的塑胶花，并即将投人生产，向欧美市场发动进攻。他于是推想，欧美的家庭都喜爱在室内户外装饰花卉，但是快节奏使人们无暇种植娇贵的植物花卉，外形相似的塑料插花可以弥补这一不足。他由此判断，塑胶花的市场将是很大的。他又更长远地看到，欧美人天性崇尚自然，塑胶花的前景不会太长。因此，必须抢先占领这个市场，不然就会失去这个机遇。于是，李嘉诚以最快速度办妥赴意大利的旅游签证，前去考察塑胶花的生产技术和销售前景。正是由于他的这种稳健的工作作风，一条辉煌的道路由此铺开。从意大利回来，他就立即出重金聘请塑胶专业人才，开发技术，抢先生产出塑胶花，又迅速地占领并巩固了市场。在此之前，他早已料到其他厂家也会一拥而上、东施效颦，所以他采用低价位迅速抢占这一市场的策略。这样，等追随者跟来，他已站稳了脚跟。塑胶花使长江实业迅速崛起，李嘉诚也成为世界“塑胶花大王”。

正是凭着这种稳健，李嘉诚不断扩大自己的生产规模，最终成了华人首富。

一个稳健、不浮躁的人，需要不断地要求自己、完善自己，使自己不断适应时代与社会发展变化。只有这样的人，才能最终把握机遇，掌握自己的命运。

过于浮躁不仅阻碍人生的发展，对于自己的身体健康也是一种极大的危害，所以说及时走出这种困扰对于我们的身心健康意义重大。而在这个过程中，战胜浮躁的关键就在于自己是否能明白自己想要的到底是什么。这就需要我们放平心态，正本清源。无论身居何位，都不去盲目攀比，更不会唯利是图。我们要学会反思，时刻检查自己最近的目标有没有达成，自己的生活状态是否正常，心理是否积极向上。反思的过程是一种对自我的新的定位，也是一种矫正方向的必备过程。此外，我们要认识到浮躁心理产生的原因，通常浮躁的产生大多数都是由于压力太大、头绪太多，或选择太多，节奏太快造成的。因此，要暂时告别压力太大的社会情境，到大自然中去放松身心，徒步旅行，倾听自己内心的声音，明白自己真正的需要。我们还可以多培养一些兴趣爱好，不仅能学到很多的东西，也能充实自己的生活，慢慢地，我们的内心也就变得冷静而沉稳。

别多想，烦恼都是自找的

美国小说家德莱塞曾说：“不要无事讨烦恼，不作无谓的希求，不作无端的伤感，而是要奋勉自强，保持自己的个性。”生活中很多人总是特别喜欢预支自己的烦恼，遇到问题总是胡思乱想，本来事情非常的简单，但是他就会把它无限度的扩大，结果自己陷入无尽的恐惧与烦恼中；跟他人有矛盾，本来别人并非故意，但是他就会把自己的敌意故意投射到别人身上，让矛盾不断激化，因此自己的心理越发的反感与敌视。为什么要把自己困住呢？自寻烦恼的人，不可能有平静的日子，人生中的苦难能不能得到彻底地解脱，主要取决于一个人内心的力量。如果一个人能够保持平和的心态，坦荡地去面对那些所谓的痛苦和磨难，那么他的生活中就不会有烦恼了。

有这样一个经典的故事：

飞机正在白云之上翱翔。机舱内，空姐微笑着给乘客送食品。中年人细细地品尝，而邻座的年轻人却愁眉苦脸地望着窗外的天空。

中年人颇为好奇，热情地问：“小伙子，怎么不吃点儿？这伙食标准不低，味道也不错。”

年轻人慢慢地扭过头，不无尴尬地说：“谢谢，您慢用，我没胃口。”中年人仍热情地搭讪：“年纪轻轻的怎么会没胃口？是不是遇到什么不开心的事啦？”

面对中年人热心的询问，年轻人有些无奈："遇到点儿麻烦事，心情不太好，但愿不会破坏了您的好胃口。"

中年人非但不生气，反倒更热心了："如果不介意，说来听听，兴许我还能给你排忧解难。"

年轻人看了看表，心想：还有一个多小时才能到目的地，聊就聊聊吧。

年轻人说："昨夜我接到女朋友的电话，说有急事要和我谈谈。问她有什么事，女朋友表示见了面再说。"

中年人听后笑了："这有什么犯愁的呀？见了面不就全清楚了吗？"

年轻人说："她可从来没这么和我说过话。要么是出了什么大事，要么就是有什么变故，也许是想和我分手，电话里不便谈。"

中年人笑出声："你小小年纪，想法可不少。也许没那么复杂，是你想得太多了。"

年轻人叹道："我昨天整个晚上都没合眼，总有一种不祥的预感。唉，您是没设身处地，哪能体会我此刻的心情。您要是遇到麻烦。就不会这样开心啦。"

中年人依然在笑，"你怎么知道我没遇到麻烦事？也许你的判断不够准确。"说着，中年人拿出一份合同，"我是去广州打官司的，我们公司遇到了前所未有的大麻烦，还不知能否胜诉。"

年轻人疑惑地问："您好像一点儿也不着急？"

中年人回答："说一点儿不急是假，可急又有什么用呢？到了之后再说，谁也不知道对方会要什么花样。可能我们会赢，也可能一败涂地。"

年轻人不禁有点儿佩服起眼前这位儒雅的绅士来。一晃几十分钟过去，到达了目的地广州，中年人临别给了年轻人一张名片，表示有时间可以联系。

几天后，年轻人按照名片上的号码给中年人打了个电话："谢谢您，张董事长！如您所料，没有任何麻烦。我女朋友只想见见我，才出此下策。您的官司打得怎么样？"

张董事长边笑边说："和你一样，没什么大麻烦。对方已撤诉，我们和平解决。小伙子，我没说错吧，很多事情要坦然面对，提前犯愁无济于事。"

年轻人由衷地佩服这位乐观豁达的董事长。

这位年轻人不就是"自寻烦恼"这一类人的典范吗？年轻人与这位董事长可谓是形成了鲜明的对比。因为生活中的小事，年轻人愁得无法入睡，而这位董事长对于公司的大麻烦却很坦然的看待。谁都有烦恼的时候，但是每一个人却有着不同的对待方法，虽然人们常说：人无远虑，必有近忧。但是过于烦恼于还未发生的问题也是不可取的。因为任何事情都应当要有个"度"的问题，否则那样会有"杞人忧天"之嫌。所以说，不要总是在心里嘀咕一些还没发生的坏事，努力做好现在才是最重要的。

在生活中，我们经常羡慕一些乐观没有烦恼的人，妒忌他们处处充满阳光的生活。其实，那些乐观的人并不是我们想象的那样生活一帆风顺，他们的生活中也会有灾难和不幸，只不过是他们有着积极的心态罢了。所以说，看开一点，其实一切没有你想的那么复杂，我们不要自己折磨自己，多学习那些心态坦然的人，那么你的生活就会明媚很多。

先哲说：世界上最宽广的是海洋，比海洋更宽广的是天空，而比天空更宽广的是人的心灵。一个心胸辽阔澄明的人，是不会有那么多烦恼的。不管外界如何干扰你，我们的内心还是需要自己来把控。问题不是靠发愁就能解决的，需要我们用智慧和行动去努力。放宽自己的心吧！倘若心灵一片光明灿烂，那烦恼与痛苦便会远遁他乡。

第11章

说出该说的话，说出想说的话

说话是一门艺术，也是一种智慧，我们每天都在交谈，可是我们是否把每一句话都说的恰到好处呢？有些话该说，有些话却不该说，我们一定要把握好分寸。在交谈中我们尽量减少与人争执，因为这会降低别人对你的印象；在交谈中我们要学会顾及他人，这样才不会让人感到尴尬；在交谈中我们要学会倾听，因为这是一个人良好修养的表现，在交谈中我们要懂得谦让，这能展现出一个人博大的胸怀与气度……说话能反映一个人，能成就一个人，也能毁掉一个人，那么你会“说话”吗？

少争论，切忌出言不逊

人与人交往很容易出现矛盾，然后互相争执，这是正常的事情，但是虽然正常，我们还是应该多加避免的好，没必要事事争个高下，面红耳赤，最终伤了和气。通常来讲，相互争论是不会有好果子的，它不但不能很好地解决问题，还可能将简单的问题复杂化。反之，如果其中的任何一方主动放弃争论，转而后退一步，宽容地低下头，忍让一下，事情就有可能得到圆满的解决。所以说，为了人际关系的和谐，我们在交谈的过程中应该做一个胸怀宽广的人，减少争执，用自己的气度赢取他人的尊重和喜爱。

郑俊有一个好朋友结婚，于是在婚礼当天他便早早赶到了现场。新娘和新郎打小就相识，可以说是一起长大的好朋友，大家都在羡慕与欣喜中为他们送祝福，这时有一个小伙子就用了“青梅竹马”这个成语。为了进一步显示自己的才华，他还念了一首诗：“郎骑竹马来，绕床弄青梅。”但是，在谈到这首诗的出处时，却“张冠李戴”了，他把这首本是唐代诗人李白所写的《长干行》误说成了宋代女词人李清照所写的诗。

郑俊比较喜欢文学，当听到那个小伙子的话后他突然觉得很不对劲。于是他也想卖弄一下自己的才华，所以他就当着所有人的面把这个问题给说了出来。可是那个小伙子也毫不退缩，一直坚持自己的主意。

郑俊和那位小伙子争论的是面红耳赤，各有各的理。这时郑俊看到了他的老朋友李勇，这可是一个文学才子，于是郑俊就把李勇招呼过来说个明白。郑俊和那个小伙子都把各自的论点说完，那位朋友却只是静静地听着。然后在盖着桌布的桌下，他用脚轻踢了郑俊一下，然后很严肃地说："你错了，那位先生说得才对。"

婚礼之后回到家，郑俊心里还是挽着疙瘩，他觉得就是自己对了，为什么连李勇也觉得错了呢？正纳闷着，李勇的电话打了进来，刚一接通电话，李勇就说："你今天说的那首诗是李白的《长干行》，一点也没错。"这时郑俊纳闷了，朋友接着说："你说的一切都对，但我们都是客人，何必在那种场合给人难堪呢？再说了人家只是在现场给新人一种祝福，让新人高兴就好了，这事情跟你压根就没有关系，何必为了出风头闹得不愉快呢？在社会上工作别忘记这点，永远不和人做无谓的争论。"不错，如果执意与人争论，即便自己是对的，而且占了上风，但到最后吃亏的可能还是自己。

与人交往中，难免会因为观点不一致而发生争论。但点到为止即可，是非对错自有公论，争强好胜会闹得都不愉快。

人是要面子的，即便是你有着强烈的表现欲，但是你也应该分清场合，该说的话要说，不该说的就不要去强争风头，否则到时候后悔也来不及。说话要减少争执，其实在你开始争执的那一刻，你已经输了，争执是说话中伤人伤己的行为，还是尽量避免为好。此外，与人交谈切忌出言不逊，这是一种很不礼貌的行为。适当的沉默是一种很巧妙的说话艺术，因为言多必失，话多了你的问题和破绽就暴露的越多。

学会赞美的艺术

人与人相处中想要拉近彼此的关系，那你就要学会赞美，因为每个人都需要他人的肯定与欣赏，从中获取一种幸福感和荣誉感，从而感到喜悦与鼓舞，可以说赞美就是连接彼此的一个纽带。赞美不是虚伪的奉承，也不是夸大其辞的吹捧，而应该是一种真诚的鼓励。一个懂得赞美的人，能够在他人需要鼓力的时候说一句“你一直很棒，继续努力”，能够在他人取得成就的时候说一句“恭喜你，你做得非常好”。适当地给予赞美，这对他人来说无疑是一种很大的鼓励和示好，别人对自己的印象也会变得更好，这对改善职场的人际关系有很大的帮助。

珍珍把一头留了多年的长发剪成了齐耳短发，同事们都称赞她的新发型好看，显得清爽、简洁。珍珍听到大家这么一夸，对理发师的怨气也没有了。“其实刚刚剪完的时候我是不开心的，因为理发师没有达到我期望的那种感觉。当时都想跟他吵一架，感觉把我一头秀发都给毁了。今天上班也不高兴，结果，有个客户来找我，我当时气还没消呢，怎么看怎么就觉得那个客户不顺眼，差点跟他发火！现在你们这么一说我感觉心里舒服多了，现在看着也还可以，这样我就放心了，可能是我刚开始剪短发还没适应的缘故吧，谢谢你们。”

这就是懂得赞美给人带来的愉悦感和幸福感，我们继续看下面这个案例：

王倩倩是一个人缘很好的女生，这一切都得益于她懂得如何赞美别人。

有一次，在公司的会议上，有个同事小李展示了一个报告。报告很平常，会场的反应也不是多么热烈。会后，王倩倩在洗手间遇到小李，便鼓励他说：“我很喜欢你的报告，简明扼要，很会抓要点，加油！”小李听了王倩倩的话，心情愉快了一整天。

王倩倩和每个相识的人都能在短时间里建立友谊。倩倩善于夸赞他人，男同事穿新衣服了，他会很自然地说一句：“你这一身衣服好帅气哦！”女同事换发型了，倩倩就跟她一起讨论说：“我喜欢这个发型，真的挺美的，你的脸型好看，发型很搭。”

王倩倩在公司里与人相处得非常好，而良好的人际关系也给她带来了不少的便利。

从心而发的赞美会让你收获很多，会使友情增温，会给他人带来力量，在自己需要的时候会得到更多的帮助……人与人之间的距离有时候只是不经意间的一句赞美之词，这是一种很奇妙的感觉和体验。多去赞美别人，你也会获得相应的赞美。精神上的愉悦能带动你在工作上表现更加优秀。

赞美是一门充满无穷奥妙的学问，“赞美”的实质是能够抓住赞美的事物的实质。生活中，有些人经常会犯一些错误，就是见了什么都说好，信马由缰、天花乱坠、不懂装懂，看似是一句句夸赞人的话，其实让人觉得非常反感，好像在嘲笑别人一般。所以说赞美要适度，要从心，不要虚情假意，否则带来的结果就会适得其反。因此，赞美别人也要讲究分寸和方法。

张太太身体比较肥胖，有一次她去一家商场买衣服，刚到一家店门口，一位店员热情地迎了上来，微笑着说：“您好！请问您需要什么？”张太太说：“我看一下有没有合适的连衣裙。”于是这位店员就开始帮助张太太挑选，最后张太太看中了一件白色的，感觉比较干净大气。张太太拿着衣服走进了试衣间，换完衣服之后张太太在镜子面前不断的打量，感觉越看越不好看，可能对于肥胖的人来说，这个白色的连衣裙会让人显得更胖吧。这位店员明白张太太是喜欢这条白色的裙子，就连连说：“其实您穿着真的很合适的，白色简单大气，很符合您的气质，很漂亮。您看这腰身，多合体。”张太太正在镜子前转来转去欣赏衣服，听见店员说什么漂亮、腰身，突然满脸的不高兴，换下裙子转身走了。

其实，赞美这个词，对我们每个人来说并不陌生，生活中时时处处都充满了赞美。但如何将赞美真正地发挥到极致，并不是那么容易。赞美是一种会说话的艺术，运用得当，则让人身心愉快，让人充满欢乐，回味无穷，反之，不恰当和随意的赞美反而会给人带来不快与难堪，甚有“拍马屁”之嫌，也就失去了赞美的本意和效果。以上案例就是不懂得赞美造成的尴尬局面，如果只是一味地赞美他人，根本不考虑实际情况，那么谁会信呢？只会让别人觉得你这个人太虚伪，太喜欢阿谀奉承罢了。所以说，赞美要真诚和恰当，不要漫无边际应付，否则你极有可能得罪他人从而失去更多的信任。

总之，交际中要快速赢得人心，要得人喜欢，就要学会赞美，但是，赞美不能不切实际，也不能是违心的赞美，而为了赞美而赞美的奉承之词也要避免，即使用也要少用。这样，才能让自己因赞美而产生的心灵之火，点燃别人的心灵之火，进而赢得别人无限好感。

善于辞令，多听少说

苏格拉底说：“人有两耳双目，只有一舌，因此应多听多看少说。”莫里斯说：“要做一个善于辞令的人，只有一种办法，就是学会听人家说话。”是的，“倾听”是人类的一种美德，是人与人之间高效交流的一种有效的方法。在与人交往中我们要懂得倾听，学会重视和尊重他人，多去听听他人所要表达的意思，这样你就会给人留下认真、踏实、尊重他人的印象。

小林是一个善于倾听的女孩，正是有着善于倾听的品质才让她拥有着许多的好朋友，每一个都将小林视为毕生知己，有什么开心的事都会与小林共同分享，遇到困难也会向她倾诉。

一天，小林的朋友敏敏来到她家，一坐下便长吁短叹，接着还流下了眼泪。小林默默地递上一杯热水，坐在敏敏对面，耐心地聆听敏敏的倾诉……

原来敏敏在单位被人暗算，工作上出了很大的错误，差点被老总开除，雪上加霜的是，她的男朋友阿龙在这时提出分手，朋友觉得生活毫无希望，完全失去了前进的目标。

敏敏不停地讲着，把心里的苦闷全部倾泻出来，而小林只是静静地听着，用一种理解、同情的目光凝视着敏敏的脸，不时地点点头表示赞同……

渐渐地，敏敏痛苦的表情放松了，眼泪也消失了。小林微笑了一下，拍拍朋友的肩，她说：“敏敏，没事了吧？现在感觉怎么样呢？”

敏敏擦擦眼泪，同样回以一个微笑：“好多了，谢谢你听我说这么多，现在觉得事情也没有那么严重，如果没有你，我真不知道该怎么办好了。”

小林握住敏敏的手，关切地说：“不要难过，没有过不去的坎儿，不管发生什么事情，你要往好处想，要想开些，还有我呢。”

然后，小林和敏敏一起讨论怎么挽回工作上的失误，怎么向领导讲明这一切，告诉领导事情的真相；对于阿龙离开的事情既然已经发生，那就顺其自然好了，有些人做的太过分，我们也没必要折磨自己……

一个懂得倾听的人，也一定拥有着良好的人际关系。多听听他人的心声，及时给予些许的安慰与鼓励，这会让人觉得你是一个值得交往的人。全神贯注地听对方讲话，这是尊重对方的表现。在对方需要的时候，我们要给予一定的认可和眼神的交流互动，这样对方更能感受到你的真诚，更利于彼此的交谈。

古代曾经有个小国因为战败，派使者到中国来求和。随礼品进贡了三个一模一样的金人，做工精细，金碧辉煌，把皇帝高兴坏了。可是这个小国依然有一些不臣之心，他们给皇帝出了一道题目：这三个金人哪个最有价值？

皇帝想了许多的办法，请来珠宝匠检查，称重量、看做工，但三个金人都是一模一样的。怎么办？使者还等着回去汇报呢。泱泱大国，不会连这个小事都不懂吧？那还怎么能领导群雄呢？

最后，有一位退位的老大臣说他有办法。

皇帝将使者请到大殿，老臣胸有成竹地拿着三根稻草，分别插入了三个金人的耳朵里。第一个金人耳朵里的稻草从另一边耳朵出来了；第二个金人耳朵里的稻草从嘴巴里直接掉了出来；而第三个金人，稻草从耳朵进去后就进了肚子，不出来了。老臣对皇上说第三个金人最有价值！使者听到答案后就俯首称臣了。

这个故事告诉我们，最有价值的人，不一定是最能说的人。一定要善于倾听。

在人际交往过程中，有时候，听比说还要重要。有些大人物曾经说过，他们对于善听者比之于健谈者更为满意。所以，在交谈中，我们不但要会说，还要学会倾听。假如你想得到一场成功的谈话，那么你就要学会倾听。

约翰·海是美国的一位著名政治家，他不但能够作精彩的演讲，同时也是一位极佳的听众。他在倾听别人谈话的时候，总是做出一副明显地对对方表现出崇敬的样子，非常专注。任何跟他谈过话的人，只要同他一起坐上半个小时，他们就会感受到自己已经被约翰·海给征服了，同时，无意之中也受到他的鼓励，不知不觉地向前走了。

豪斯先生曾是威尔逊总统在位时的副总统，工作非常出色。他的一位朋友曾经这样评价道："豪斯先生一向是一名好听众。他之所以能够出任威尔逊的副总统，可能多半是出于他对人倾听的态度。因为豪斯和威尔逊首次在纽约会面时，他就用他善于倾听的策略赢得了威尔逊的好感，同时也引起了威尔逊对他的注意。”

倾听是一种智慧，在倾听的时候，不仅要用耳朵去听，还要用心灵去感受。在倾听的过程中，要通过自己的语言和非语言行为向对方表达尊重、友善和理解。除此之外，我们还要懂得适当地发表自己的看法，与对方交换看法。这样，才能营造一个良好的氛围，始终让对方感觉到自己的谈话是重要的。

学会如何倾听，是一个人成熟的标志；学会怎样倾听，是一个人睿智的表现。朋友们，做一个善于倾听的人吧，少说一点，多听听他人的心声，这样你的谈话才会更为成功。

说话真诚，值得信赖

人都喜欢与真诚的人交朋友。如果一个人在朋友面前也不展露自己真实的一面，那么他是永远也不可能交到真朋友的。

北宋词人晏殊素以说话真诚著称。他14岁时参加殿试，真宗出了一道题让他做，晏殊看过试题后说：“我10天以前做过这个题目，草稿还在，请陛下另外出个题目吧。”真宗见晏殊这样真诚，感到他可信，便赐他“同进士出身”。晏殊在史馆任职期间，每逢假日，京城的大小官员常到外面吃喝玩乐。晏殊因为家贫，没有钱出去，只好在家里和兄弟们读书写文章。有一天，真宗点名要晏殊担任辅佐太子的东宫官，许多大臣不解。真宗对此解释说："近来群臣经常游玩饮宴，只有晏殊和兄弟们闭门读书，如此自重谨慎，正是东宫合适的人选。"晏殊向真宗谢恩后说："我也是个喜欢游玩饮宴的人，只是家里穷而已，如果我有钱，也早就参与宴游了。"真宗听了，越发赞叹他的真诚，对他更加信任。

言语坦诚更能赢得别人的信赖，如果一个人连最基本的诚恳都做不到，那么他的的话就真不知从何而听了。如果不能做到真诚待人，总是信口雌黄，或是四处吹嘘，那么终有一天将会祸从口出，造成不必要的麻烦。一个人说话的魅力并不在于语言的华丽、表达的流畅，而在于倾注了感情、表达了真诚。

美国总统林肯非常注意培养自己说话的真诚情感。林肯说过："一滴蜂蜜比一加仑的胆汁能吸引更多的苍蝇。人也是如此，如果你想赢得人心，首先让他相信你是最真诚的朋友。那样，就像有一滴蜂蜜吸引住他的心，也就是一条坦然大道，通往他的理性彼岸。"1858年，林肯在一次竞选辩论中说："你能在所有的时候欺瞒某些人，也能在某些时候欺瞒所有的人，但不能在所有的时候欺瞒所有的人。"这句著名的格言，成了林肯的座右铭。

曾巩是宋朝的一位大诗人。他为人正直宽厚，襟怀坦荡，直来直去。他和王安石一直都是好朋友。

有一次宋神宗问曾巩：“你与王安石是布衣之交，王安石这个人到底怎么样呢？”曾巩很客观、直率地回答说：“王安石的文章和作为比扬雄要强很多；不过，他为人过吝，终比不上扬雄。”

宋神宗很惊异，又问道：“你和王安石是好朋友，为什么这样说他呢？据我所知，王安石为人轻视富贵，你怎么说他‘吝’呢？”

曾巩说：“虽然我们是朋友，但并不等于朋友没有毛病。王安石勇于作为，而‘吝’于改过。他不善于接受别人的批评而改正自己的错误，所以我说他‘吝’！”

宋神宗听后称赞道：“此乃公允之论。”王安石知道这件事之后，并没有因为曾巩揭自己的短处就和他过不去，相反他们的情意更加深厚了。

曾巩面对宋神宗的问话，没有虚情假意的偏袒，而是选择了以诚相待，每一个人都不是完美的，所以真诚的实情相告并不是恶意中伤，也因为他的真诚和耿直，曾巩赢得了与王安石更为深厚的友谊。其实言语得体也是出于真诚，话说得恰到好处，不含虚假成分，能说不真诚吗？总之在与人交谈中要避免过于客套，过分地掩饰雕琢，以免谈话失去了心里的那份纯真自然。

总之，交谈是讲究心意与技巧的。与人交流的时候要把注意力放在对方身上，切不可说些不着边际的假话、大话、空话。劝阻对方的时候，言语要真诚；赞美别人的时候，言语要真诚；安慰别人的时候，言语也要真诚。这是与人谈话的基本原则。

谁都不想在交谈中被冷落

妮妮是个可爱的小女孩，今天是她过四岁生日的日子。

今天正好是周六，爸爸妈妈休息在家。她们一商量，决定给小妮妮过个特别隆重的生日。上午吃过早餐之后，她们就带着妮妮出门逛街去了。蛋糕店、儿童服装店、玩具店，每个地方都转了一大圈，买回了一大堆妮妮喜欢的东西，乐得妮妮的小嘴都合不拢。

还不止于此，爸爸又神秘兮兮地告诉妮妮，晚上才是她生日的重要节目。

到了晚上，妮妮才知道这生日“隆重”在哪里了，原来爸爸邀请了几个最好的朋友一起来给妮妮庆祝生日。看到那些叔叔伯伯们带来的漂亮的生日礼物，妮妮开心极了，她觉得自己是世上最幸福的小孩。

不过，很快妮妮就高兴不起来了。那些叔叔伯伯们来了之后，都会亲热地抱着妮妮，和她说上几句话，可是没一会儿就都不再理会妮妮，只是和爸爸在一起喝茶聊天。爸爸也是一样，和老朋友们聊得热火朝天，把妮妮给抛在了脑后。

妮妮一个人在客厅里呆坐着觉得很无聊，就跑到厨房里找妈妈。

“妈妈，为什么爸爸和叔叔们都不理我了呀？”

“乖，他们在聊天呢！你不要去烦她们了，自己玩吧！”

“可是妈妈，我才是今天的主角啊，他们也可以和我聊天啊！”

“乖，妈妈忙着呢，你一边玩去啊！”

妮妮委屈极了，一个人躲在屋子里生闷气。她觉得这个生日过得没意思极了，因为自己受到了大人们的冷落。她在心里暗自对自己说：以后再也不相信爸爸了。

一个4岁的小女孩，在自己被他人忽视的时候都会感到伤心难过，这或许就是人的一种本性，怕不被重视，怕被冷落。在生活中我们几个人一起玩或者交流的时候不也经常发生这样的事情吗？或许你和一个伙伴谈得热闹，可是你是否发现，另一个人在角落里已经被你们遗忘了。

比如，当你和一个人在聊天的时候，你们一起侃侃而谈是正常的事情。但是如果你同时和两个人聚在一起，如果另一个人并不是你非常熟悉的人，往往你会忽略到他。你只顾着跟你的好朋友谈天说地，谈你喜欢的话题，可是你是否考虑到另外一个人的感受呢？他在被你们遗弃的时候是否很难过？他的尴尬你是否体会得到？其实，越是与你不熟的那个人，越在乎你对他的重视程度。每个人都希望受到尊重和重视，因此不要只顾着和一个人海阔天空地聊，而把另一个排除在谈话圈子之外，需要与每个人交流，与每个人交换眼神。

所以说，我们在与人聊天的时候要学会尊重，要兼顾到各个人的情绪，不要只考虑自己高兴而忽视了他人，这样是不礼貌的行为。倾听别人谈话时除了注意正在说话的人以外，目光也要适当照顾其他人，交换一下目光，同时尽量启发不爱说话的人开口说话。

张强和王泽初入职场，在人际关系微妙的公司中还算比较谈得来。于是，经常一起吃饭。这天，公司又进来一个新职员刘宇，刚好是张强的老乡，于是中午吃饭张强就招呼刘宇和他们一块吃。期间张强和刘宇用方言聊得不亦乐乎，把旁边的王泽晾在了一边。从此，王泽总会找借口不跟张强一块吃饭。事实上，张强和刘宇只是觉得用老家话聊天自然亲切，但却忽视了王泽的存在，让王泽的心中留下不快。

谈话要照顾在场的所有的人，现场有多人时，注意与在场的所有人攀谈，切忌只与一两个人说话，不理会在场的其他人，或仅与个别人谈两个人知道的事而冷落其他人。

此外，在大多数社交场合中，总会有一些人，或至少有一位与群体格格不入的人。他可能从外表到举止都像是一个局外人，因而也就常常被别人排斥在外，不管他看上去多么枯燥无味，你也不应该这样对待他。我们要学会设身处地为他人着想，不要总是冷落了他人，尽力活跃好气氛，让谈话的每一个人都能融到其中。

第12章

对自己狠点儿，绝不在安逸中得过且过

你想成功吗？想必很多人都会回答“想”，可是你能狠的下心严格要求自己吗？想必很大一部分人已经有所顾忌，有所畏怯。是啊，之所以有成功者有失败者，就是因为很多人害怕吃苦受累，不忍心对自己“狠一点”。如果一味地宠着自己，那么我们如何更快的成长呢？其实生活中没有什么过不去的坎儿，只要我们咬咬牙，一切都会过去的。战胜自己的人，才配得到上天的奖赏，我们要不断地磨炼自己，才能收获更多的进步。所以说，要想成功就不要在得过且过地过日子了，用一股努力向上的“狠劲”不断前进吧！

坚持住，一切都会过去的

人不可能一直处于不幸中，不管你生活的多么糟糕，一切困难都会过去的。尽管在生活当中，我们每个人都会遇到各种各样的挫折和不幸，有时不仅仅要承受一种磨难，甚至有时候遭受噩运的时间可能长达几年、十几年，但是让人极度恐惧的厄运也有它的致命弱点，那就是它不会持久。所以说，只要我们坚持与困难做斗争，不断地磨炼自己，你身边所有的坎坷都会过去，你内心所有的阴云都会散去。

凯撒大帝是罗马共和国末期杰出的军事统帅和政治家。一次，他的军队在与敌人作战过程中，由于种种原因，损失十分惨重，因此军中士气非常低落。

当天晚上，凯撒大帝因为此事焦虑万分，他苦苦思考失败的原因和将来应对敌人的策略，因此休息得很晚。然而，那晚他却做了一个颇有意味的梦。在梦里，他遇见了一位智慧老人，智慧老人对他的情境十分了解，还给他讲了他不少安慰的话，其中最关键的是一句至理名言。这句名言意义深刻，蕴含了人类克服所有困难的智慧。智慧老人告诉他，这句至理名言可以使任何一个人战胜任何困难，使他能面对挫折百折不挠，挽救败局，最终走出失败的困境。

得到名言，凯撒大帝十分高兴，可是他醒来之后，怎么也想不起那句至理名言。最终他只好招来所有的谋士，对他们讲述了一遍自己做的梦，希望他们能把那句至理名言想出来。另外，他还拿出自己的佩剑，对众谋士说："你们如果想出那句至理名言，就把它镌刻在我随身携带的这把剑上，我要用它来激励自己，征服整个世界。"

两天以后，几位谋士兴冲冲地给凯撒大帝送来佩剑，这时凯撒大帝看到，剑身已经刻上了一句勉励人战胜失败、走出逆境的至理名言："一切都会过去！"

"一切都会过去"——这句话蕴含了人类所有的智慧。在成功时，它提醒我们莫要骄傲；在失败时，它提醒我们困境总会结束。幸福总会过去，因此请珍惜吧；苦闷总会过去，因此不必绝望。

一切都会过去的，人生是一个过程，而不是一个停留的状态，人生是不断前进的方向，不是一个停滞的终点。用平常心去生活，这才是人生的智慧。不管事情是好是坏，没有永恒不变的，相信一切都会过去的，只要我们有足够的努力。

威玛·鲁道夫是个早产儿，在22个手足中排行第20。小时候，她患了肺炎及猩红热。4岁时，她又得了小儿麻痹症，左脚因而萎缩。医生以为她一辈子都无法行走了，但她的家人却不愿放弃，他们每天轮流为她的腿按摩好几个小时。终于，在"铁鞋"——一种治疗工具的协助下，她慢慢迈开了步伐。

11岁时，威玛终于可以不再使用她痛恨的铁鞋了。她把铁鞋扔得远远的，终于得到了自由。

威玛热爱跑步，有时会逃课到附近的体育场上去跑步。跑得兴起，甚至会跑上一整天。不到一年，她就开始向附近的男孩子挑战，十之八九都占了上风。15岁——她扔掉铁鞋四年之后，她应邀与著名的田纳西州立大学女子田径队一起受训。16岁时，她获得参加1956年奥运会的荣誉，不过只获得铜牌。接着，她得到田纳西州立大学的体育奖学金，同时受到艾德·谭波的培训。谭波是该校1960年奥运队教练，威玛在队中成为超级明星。正式比赛的前一天，她严重扭伤足踝，但是仍然获得100米及200米两项金牌，后来又在400米获得第三面金牌。

生命不止，希望就不息。人生没有过不去的坎儿，心中充满希望，就能以坦然的心情看待挫折和打击，就能在困难中看到光明，在逆境中找到出路。当你困惑时，当你身处逆境时，要不停跟自己说：心存希望，现在的不幸终会过去；心存希望，我们心中的彼岸就能到达。

总之，人总是在遭遇一次重创之后，才会幡然醒悟，重新认识到自己的坚强和坚韧。所以，无论你正在遭遇什么磨难，都不要一味抱怨上苍是多么不公平，甚至从此一蹶不振。人生没有过不去的坎，只有过不去的人。

战胜自己，做自己的英雄

罗曼·罗兰曾说："最强的对手，不一定是别人，而可能是我们自己；在征服世界之前，先得战胜自己。"在生活中，有些人成就不大，不在于智力不够，而在于没有克服自己心理上的弱点和谬见；只有不断向自己挑战，认真对待自己的心理障碍，才能取得更大的成功。人最大的对手就是自己，病痛是自己的对手，烦恼也是自己的对手。疾病是对手，就要治疗它；烦恼是对手，也要面对它，更要"转烦恼为菩提"；自己也是对手，更要面对，更要"战胜自己，征服自己"。

王江民是江民杀毒软件的创始人，因为小时候患小儿麻痹症而落下终生残疾，但是他意志坚定，凭借自己的努力缔造了中关村的传奇，虽然如今他已经不在人世，但是他战胜自己的精神一直是我们应该学习的。

王江民出生在烟台的一个普通家庭，三岁的时候就患上了小儿麻痹症，治愈后一条腿落下了残疾，下楼的时候经常会从上面滚下来，他感觉自己完了，从此，他不再和小伙伴们一起玩耍、嬉戏。他没法下楼，只能趴在窗台上看着大街上来来往往的人群，空虚寂寞的时候就拿出一张纸条，撕成两半，做成"转转"往楼下放，然后把头伸出来看纸条做成的"转转"往下落。在很长一段时间里，王江民很自卑，感觉自己已经被这个社会抛弃了。他拖着那条不灵活的腿上学，经常被别人欺负、嘲笑，并且因行动不便，那条本来已经残疾的腿又被自行车压断过一次。

他不能像别的小朋友一样出去玩，就一个人在家看书，通过读书，他迫切地意识到自己应该增强意志力，只有那样才能适应社会和环境，才能征服人生中的磨难和挫折。他心里清楚自己最应该战胜的人是自己，但是他迈出的第一步是异常艰难的。当时的交通工具主要是自行车，王江民就把学会骑自行车当做战胜自己的第一步。但是他的腿很不灵活，也没有力气，需要一个支撑物才能保证自行车不会倒下。于是他先把自行车的支架撑好，然后自己小心地骑上去，然后开始蹬自行车，当后轮的转速达到一定速度的时候，他就身子向前一使劲，这样，自行车就开始向前跑了，但是，因为一只脚没有力气，他不能蹬完整的一圈，自行车很快又会倒下。自行车倒地的时候，他根本没有能力控制自己的身体，于是就连人带车一下子摔倒在地上。最后，好不容易克服了两只脚不能配合蹬一圈的问题，能够骑着车向前走了，但是下车又成了问题。刚开始学习下车的时候，有一次他忘了刹车，由于车速比较快，他摔倒后手又不知道放开，就被自行车在地上拖着，他的半边身体都被擦破了。很多人都让他放弃，感觉他那样是在折磨自己，但是他偏偏不放弃，他感觉自己只有和正常人一样骑自行车才算是赢得了第一步的成功。不知道摔倒了多少次，王江民终于学会了，当他像正常人一样骑着自行车出去玩的时候，心里高兴极了，感觉残疾根本不能阻止自己的理想。

从此以后，他更加严格地要求自己，凭着坚强的毅力不断地战胜自己，打开了一扇又一扇本不属于自己的大门。他一辈子没有上过大学，38岁的时候开始学习电脑，却开发出了中国首款专业杀毒软件，并于2003年跻身“中国IT富豪榜50强”，先后被授予一个又一个的荣誉称号。

王江民，他是一个身残志坚的典范，是一个不断战胜自己、战胜命运的楷模。他用一生的努力向人们证明了自己，诠释了一个残疾人不断奋进的可贵精神。一个人想要征服世界，首先要战胜自己，让自己能够全身心地积极健康地投入到有意义的事业当中去，争取成功，而不应为所遭遇的不利因素所控制。其实，几乎每个人都曾受到过自卑心理的影响和折磨，面对自卑，我们采取的态度往往决定了我们人生未来的成就。如果你在自卑面前退缩，它就会将你彻底击败，摧毁你的人生；可是如果你挺直腰板敢于与其对抗，那么你将会迎来一个充满阳光的美好人生。

人生中最大的敌人就是自己，许多困难的产生都源自人们的内心。当一个人明白所有的困难和障碍全部是自己制造的时候，他才会真正地去克服它、战胜它。因为他找到了根源。

不断磨炼，才能不断进步

泰戈尔曾说：“只有经历地狱般地磨炼，才能练出创造天堂的力量；只有带血的手指，才能弹出世间的绝唱。”成功需要磨炼，不经历生活的磨炼，一个人是很难有所作为的。所谓“玉不琢不成器”就是说的这个道理。如果人生的道路布满了荆棘，那正是磨炼坚强意志的好时候。我们要抓住机会，战胜前进道路上的种种困难，成为生活的强者。

居里夫人从小显示出别的孩子所没有的坚强意志，她面对困难时从不会畏惧，而且不达目的决不罢休。居里夫人在法国上学时，租住的小房子里没有电灯，没有水，没有暖气。为了能取暖，她只能到图书馆去看书，回到住处后，她把冬天的衣服都穿上睡觉还冻得发抖。她常常没有钱吃饭，一连几十天只吃面包。就是在这样的环境里，居里夫人坚持学习了4年，获得了物理和数学双硕士学位。

那一年，她与法国物理学家比埃尔·居里结婚后，开始相互扶持，共同向着科学高峰进军。那时，这对夫妇的日子仍然过得十分拮据，为了找到一种能透过不透明物体的射线，他们借了一个废弃的木棚作为实验室，里面既潮湿又黑暗，一到下雨天，外面下大雨里面下小雨。为了减少花费，他们步行很远去买价格便宜的沥青矿渣。靠着几件简陋的实验设备，居里夫妇开始了繁重的实验工作。一身布满灰尘和油渍的衣服就是居里夫人的工作服。她把矿渣倒进大锅里，用一根比她还高的木棍不停地搅拌，还得经常把20多千克重的容器搬来搬去……实验工作经历了一次又一次的失败，但居里夫人没有放弃。相反，她整整坚持了4年，经过1440多个日夜的奋战，终于提炼出具有极大的放射性镭的化合物——氯化镭。这个成果轰动了全世界。1903年，居里夫妇共同获得了诺贝尔物理奖。

1906年4月19日，对居里夫人来说这是一个让她永生难忘的日子。就在他们夫妇的工作、生活条件有所改善时，比埃尔·居里却突然死于一场车祸。居里夫人在这个世界上从此失去了亲爱的丈夫和最好的导师。她尽管悲痛至极但没有消沉，而是把悲痛化作了力量继续进行物理研究。1910年，居里夫人终于提炼出1克纯镭，她将这一克镭捐献给了法国。1911年，居里夫人第二次获得诺贝尔物理奖。

就这样，居里夫人以坚强的意志，克服了许多让常人难以想象的困难，坚持物理研究几十年，终于发现了放射性元素镭和钋，成为世界最伟大的科学家之一。生活的困难并没有打垮居里夫人，而是让她在不断的磨炼中越发勇敢。多一份磨砺，就多一份强大，居里夫人就是一位在困境中成功的典范，也是我们每一个人学习的楷模。因此，不要怕困难，也不要怕吃苦，时刻牢记：吃得苦中苦，方为人上人。

一位年轻人毕业后被分配到一个海上油田钻井队。在海上工作的第一天，领班要求他在限定的时间内登上几十米高的钻井架，把一个包装好的漂亮盒子送到最顶层的主管手里。年轻人拿着盒子快步登上高高的狭窄的舷梯。当他气喘吁吁、满头是汗地爬上顶层，把盒子交给主管时，主管只在上面签下自己的名字，就让他送回去。他又快速跑下舷梯，把盒子交给领班，领班也同样在上面签下了自己的名字，让他再送给主管。

他看了看领班，犹豫了一下，又转身爬上舷梯。当他第二次登上顶层把盒子交给主管时，已浑身是汗、两腿发颤，主管却和上次一样，在盒子上签上名字，让他把盒子再送回去。他擦擦脸上的汗水，转身走向舷梯，把盒子送下来，领班签完字，让他再送上去。

这时他有些愤怒了，他看看领班平静的脸，尽力忍着不发作，又拿起盒子艰难地一个台阶一个台阶地往上爬。当他上到最顶层时，浑身上下都湿透了，他第三次把盒子递给主管，主管盯着他，傲慢地说："把盒子打开。"他撕开外面的包装纸，打开盒子，里面是两个玻璃罐，一罐咖啡，一罐咖啡伴侣。他愤怒地抬起头，双眼喷着怒火，射向主管。

主管又对他说："把咖啡冲上。"年轻人再也无法忍受了，"叭"地一下把盒子扔在地上："我不干了！"说完，他看着地上的盒子，感到心里痛快了许多，刚才的愤怒全释放了出来。

这时，这位傲慢的主管站起身来，直视他说："刚才让你做的这些，叫做极限承受训练，我们因为在海上作业，随时会遇到危险，这就要求队员一定要有极强的承受力，只有承受各种危险的考验，才能完成海上作业任务。前面3次你都通过了，可惜，只差最后一点点，你没有喝到自己冲的甜咖啡。现在，你可以走了。”

年轻人懊悔地离开了，但是他却从这件事上汲取了教训，立志一定要做一番事业。经过几年的艰苦拼搏后，他成了一名油田钻井队的队长。

伟大的思想家孟子曾说：“天将降大任于斯人也，必先苦其心志，劳其筋骨，饿其体肤，空乏其身。”一个人要想有所作为，一定要经过一番艰苦地磨炼，磨炼自己，需要耐得住寂寞和孤独。所以，我们在人生中，要用积极的心态去经受磨炼，因为你是冠军。对于希望成为成功者的人来说，任何逆境，都会造就一粒等量大的、能克服任何困难而成功的种子。

坏习惯，需要狠心去改正

有位名人曾经说过：“播种行为，收获习惯；播种习惯，收获性格；播种性格，收获命运。”的确，好习惯是走向成功的钥匙，而坏习惯则是通向失败的大门。很多人在人生的道路上没有坚持到胜利，并不是他们没有聪慧的大脑，也不是没有赶上好的时机，而是他们身上的那些坏习惯阻碍了他们的成功之路。

保罗·盖蒂，曾连续20年保持美国首富地位。保罗·盖蒂商战谋略高超，在和美国“石油七姐妹”的鏖战中，建立起了自己的石油帝国，被称为“石油怪杰”。

保罗·盖蒂有句名言：“好习惯让人立于不败之地，坏习惯则让人从成功的宝座上跌下来。”有一段时期，保罗·盖蒂抽烟抽得很凶。他在法国度假的时候，有一天晚上，下起了大雨，道路泥泞，十分不好走，他开了几个小时的车，感觉累极了，于是就近找了一家小旅店投宿。吃完晚饭，他回到自己的房间倒头就睡。但是天还没有亮的时候他就醒来了，此时，他很想抽一支烟。他打开灯，在床头找烟，但是没有。他不得不下了床，翻遍了衣服口袋和行李袋，但是连一根烟头都没有找到，这让他感到失望极了。因为他清楚这时旅馆的酒吧和外面的餐厅都没开门，而把不耐烦的门房叫醒，是不可能的事情。

为了满足自己的烟瘾，保罗·盖蒂决定起床穿好衣服，到6条街之外的火车站去。可是，他忽然想起自己的汽车停在离旅馆还有一段距离的车房里，车房已经关门了，凌晨六点才会开，外面现在还下着雨，这个时间段也不可能叫到出租车。但是，在烟瘾的驱使下，盖蒂还是下了床，穿好衣服，准备冒雨出去买烟。然而，在他准备伸手拿雨衣的时候，他忽然感到自己的行为实在是太荒唐可笑了。盖蒂站在那里，反思自己的行为。一个受过教育的知识分子，一个商人，一个自诩有足够智慧对他人下命令的人，居然管不住自己的欲望，为了一根香烟，离开舒适的旅馆，半夜三更冒雨出去。

这时，保罗·盖蒂第一次注意到，自己早已养成了一个不好的习惯，那就是为了一个坏习惯的满足，他可以放弃极大的舒适。他清醒地认识到自己的这个习惯将会对自己影响很大，所以，他很快就做出了一个决定。他走到桌边，把烟盒扔了出去。然后心情轻松地换上睡衣，回到舒适的床上。心中有种解脱的感觉，甚至还有一种胜利的感觉。他满足地关上了灯，伴随着窗外的雨声，睡眠香甜。从那以后，保罗·盖蒂就戒了烟。

其实，我们可以用类似下面的语言来时刻提醒自己：

笨蛋才不能控制吸烟的欲望。

我可以戒烟。

吸烟不利于我的身体健康。

吸烟损害了身边人的健康。

我可以凭意志力戒烟。

你可以选择做一些其他的事情代替吸烟，从而转移注意力，这种方法十分有效。

坏习惯是可以改掉的，只要我们对自己狠得下心，不再一味地娇惯自己，努力去改正，那么我们慢慢地就会摆脱坏习惯的控制。人应该支配习惯，而绝不能让习惯支配人，一个人如果不能改掉他的坏习惯，那简直是太失败了。

任何行为在重复做过几次之后，就变成一种习惯。习惯有好有坏。好习惯虽不能立即带来明显的效益，但会让你一辈子从中受益；坏习惯，却只能令你的成就有限。如果人们沾染到坏习惯不懂得及时改正，那么一旦坏习惯在人们的思想里根深蒂固，我们前进的道路就会受到严重的阻碍。总的来说，做人，应坚持好习惯，摒弃坏习惯。

对自己负责，不得过且过

传说从前在五台山有一种奇特的小鸟，名叫寒号虫。寒号虫有四只脚，两只肉翅，不会飞行。盛夏季节是寒号虫最快乐的日子，它全身长着绚丽丰满的羽毛，鲜艳夺目，使百鸟十分惊羡。这时，寒号虫得意洋洋，整天走来走去，到处找别的鸟比美。它一边走一边唱道：“凤凰不如我！凤凰不如我！”

夏去秋来，有些鸟飞向遥远的南方，到那里去过冬；留下的鸟整天辛勤劳碌，积粮造窝，准备过冬。只有寒号虫仍然游游逛逛，到处炫耀它那身五光十色的羽毛。

秋去冬来，寒风呼啸，雪花飘舞。别的鸟在秋季都换上了一身又厚又密的羽毛，迎接寒冬的到来；而寒号虫却与众不同，到了冬天，它那身漂亮的羽毛脱得光光的，一根毛也没剩下，就好像还没有长毛的鸟崽。夜晚，全身光秃秃的寒号虫，躲藏在石缝里，凛冽的寒风不断袭来，冻得它浑身直打哆嗦。它不断地咕噜道："好冷啊，好冷啊，明天就做窝，明天就做窝。"可是，当寒夜过去，太阳从东方升起，温暖的阳光照耀大地，这时，寒号虫却忘记了昨夜的寒冷，忘记了要做窝的决心，它又说做："得过且过！得过且过！"

寒号虫始终也没有做窝，就这样一天天的混日子，最后冻死在五台山的岩石缝里。

成语"得过且过"即由此而来，意思是过一天算一天，不作长远打算。现在也指工作、学习中只求过得去即可。对于很多人来说，容易受到外界的迷惑，不能始终坚持，一味地贪图享乐，他们不奋力前进，最后只能蹉跎一生，一事无成。

有一条偷奸耍滑的狼，每次跟着狼群去抓捕猎物的时候，它都不会全力以赴。而只会虚张声势地比划几下子，有好几次猎物的逃脱都与它的配合不到位有很大的关系。

事后，头狼组织狼群一起总结捕杀猎物的经验教训时，它也不认真听。别的狼刻苦训练、挑战自己的极限时，它却悠哉游哉地到处晃悠。它的生活状态分明就是在混日子。

渐渐地，头狼和许多其他的狼都看出这条狼懒惰而又自以为很聪明的本质了，都纷纷地开始疏远它了。

但是这条狼却不知悔改，相反，它认为，反正事已至此，也只有得过且过，混完一天是一天了。它不愿意痛苦地磨炼自己，也不愿意为了保持捕获的能力而一次次地挑战自己奔跑的极限。

头狼见它丝毫没有悔改之意，于是就毅然决然把它赶出狼群了。没过多久，这条狼就被饿死了。

这匹狼很明显的就是在混日子，根本不懂得学习提升自己的本领，熬一天算一天，这样的心态饿死也是情理之中的事情。其实生活中不也是有很多类似的人吗？无论是对待工作还是生活，没有丝毫的上进心，别人在追求梦想的路上不断打拼，而他们却在悠闲自在的混日子混工资，慢慢的简直就成为了一个颓废的人。还有的人想做大事，却漫无目标，得过且过。这样的人肯定会有很多局限性而无法超越自我，难有大的突破和进展。实际上，凡是有“得过且过”心态的人，无不是给自己立了一堵墙，并陶然自得地在围墙之内沉醉。殊不知，这俨然是在耗费生命。

努力，是对自己人生的负责，你对生活的热忱是对生命的敬重，在这个方面美国著名人寿保险推销员乔治就创造出来一个个伟大的奇迹。

最初，乔治是一名职业棒球运动员，后来却被球队开除了，因为他动作无力，没有激情。球队经理对乔治说：你这样对职业没有热忱，不配做一名棒球职业运动员。无论你到哪里做任何事情，若不能打起精神来，你永远都不可能有出路。这次惨痛的经历给了乔治沉重的打击，但他并未意志消沉。朋友又给乔治介绍了一个新的球队。

在工作的第一天，乔治做出了一个惊人的决定：他决定做美国最有热情的职业棒球运动员。从此以后，球场上的乔治就像装了马达一样，强力地击高球，把接球人的手臂都震麻了。

有一次，乔治像坦克一样高速冲入三垒，对方的三垒手被乔治强大的气势给镇住了，竟然忘了去接球，乔治赢得了胜利。热忱给乔治带来了意想不到的结果，不仅将他出色的球技发挥得淋漓尽致，还感染了其他队员，整个球队变得激情四溢。

最终，球队取得了前所未有的佳绩。当地的报纸对乔治大加赞赏：那位新加入进来的球员，无疑是一个霹雳球手，全队的人受到他的影响都充满了活力，他们不但赢了，这场比赛也是本赛季最精彩的一场比赛。

由于对工作和球队的热忱，乔治的薪水由刚入队的500美元提高到约4000美元。在以后的几年里。凭着这一股热情，乔治的薪水又增加了约50倍。后来由于腿部受伤，乔治离开了心爱的棒球队，到一家著名的人寿保险公司当保险助理，但整整一年都没有业绩。乔治又迸发了像当年打棒球一样的工作热忱。很快就成了人寿保险界的推销明星。后来他一直从事这个职业，取得了非常优秀的成绩。

乔治在回顾他的职业生涯时深有感触地说：我从事推销30年了，见过许多人，由于对工作保持着热忱的态度，他们的收效成倍地增加。我也见过另一些人。由于缺乏热忱而走投无路。我深信热忱的态度是成功推销的最重要因素。

得过且过，满足于现状的人，永远只会活在自我的窄小的圈子中，看不到希望的曙光，很难有出头之日。对于成功的人来说，他们都有着远大的目标，有着前进的动力，有着不断挑战自我的决心。他们不畏惧困难，不得过且过，没有混日子的心态，这是一种责任意识，也是一种生活态度，所以成功不属于他们属于谁呢？他们不会因为一时的成功而扬扬自得，不思进取，始终认为“下一刻的自己才是最好的”，从而激发他不断追求更高目标的欲望，直达最终的成功。

参考文献

[1]黄竞天.选一种姿态，让自己活得无可替代[M].苏州：古吴轩出版社，2015.

[2]卢莉，墨墨.人生不可能重来：活出精彩的自己[M].北京：北京理工大学出版社，2010.

[3]文柯.活出正能量，做最优秀的自己[M].北京：新世界出版社，2013.